全国技工院校数控加工类专业通用（中级技能层级）

数控车床编程与操作（FANUC 系统）（第二版）习题册

陈亚岗　主编

中国劳动社会保障出版社

简介

本习题册是全国技工院校数控加工类专业通用教材《数控车床编程与操作（FANUC 系统）（第二版）》的配套用书。本习题册紧扣教学要求，按照教材章节顺序编排，知识点分布均衡，题型丰富多样，难易配置适当，有助于学生复习巩固所学知识。

本习题册由陈亚岗担任主编，陆建军、许洪伟、纪传军、王忠义、郝瑞友、孙亚、刘军参加编写。

图书在版编目(CIP)数据

数控车床编程与操作（FANUC 系统）（第二版）习题册/陈亚岗主编. -- 北京：中国劳动社会保障出版社，2019

全国技工院校数控加工类专业通用. 中级技能层级

ISBN 978-7-5167-4109-2

Ⅰ.①数… Ⅱ.①陈… Ⅲ.①数控机床-车床-程序设计-技工学校-习题集②数控机床-车床-操作-技工学校-习题集 Ⅳ.①TG519.1-44

中国版本图书馆 CIP 数据核字(2019)第 174705 号

中国劳动社会保障出版社出版发行

（北京市惠新东街 1 号 邮政编码：100029）

*

涿州市星河印刷有限公司印刷装订 新华书店经销

787 毫米×1092 毫米 16 开本 7 印张 161 千字

2019 年 9 月第 1 版 2024 年 11 月第 7 次印刷

定价：13.00 元

营销中心电话：400-606-6496

出版社网址：http://www.class.com.cn

http://jg.class.com.cn

目　录

第一章　数控车削编程基础

第一节　数控车床概述

一、填空题（将正确答案填写在横线上）

1. 与普通车床相比，数控车床更适合加工________、__________的________零件。

2. 数控车床一般由____________、____________、____________、____________、____________、____________等组成。

3. ____________是数控系统的核心，主要包括____________、____________、____________以及与数控系统的其他组成部分联系的____________等。

4. 测量装置也称____________，通常安装在车床上的____________、____________或____________轴上。

5. 数控机床按伺服系统的类型可分为____________、____________和____________。

6. 开环控制系统是指不带________________的控制系统，CNC 单元发出的指令信号流是单向的。

7. 半闭环控制系统是在开环控制系统的伺服机构中装有____________，通过检测伺服机构的______________间接检测移动部件的位移，然后反馈到数控装置的________中，与输入原指令位移值进行比较，用比较后的差值进行控制，使移动部件补偿位移，直到差值消除为止的控制系统。

二、判断题（正确的在括号内打“√”，错误的在括号内打“×”）

1. 数控机床按控制系统的特点是可分为开环、闭环和半闭环系统。（　　）

2. 闭环和半闭环数控机床上，定位精度主要取决于进给丝杠的精度。（　　）

3. 定位控制系统不仅要控制从一点到另一点的准确定位，还要控制从一点到另一点的路径。（　　）

4. 只有采用 CNC 技术的机床才叫数控机床。（　　）

5. 数控机床在手动和自动运行中，一旦发现异常情况，应立即使用紧急停止按钮。（　　）

6. 数控机床是一种程序控制机床。（　　）

三、选择题（将正确答案的序号填写在括号内）

1. 闭环进给伺服系统与半闭环进给伺服系统的主要区别在于（　　）。

A. 位置控制器　　B. 检测单元　　C. 伺服单元　　D. 控制对象

2. 全闭环数控系统的检测反馈装置中的检测元件通常安装在（　　）部位。

A. 伺服电动机　　B. 丝杠　　C. 机床工作　　D. 步进电动机

3. 具有位置检测装置的数控机床是（　　）机床，没有位置检测装置的数控机床是（　　）机床。数控钻床和数控冲床属于（　　）机床，能插补加工任意直线和圆弧的数控机床属于（　　）机床。

A. 轮廓控制　　B. 开环控制

C. 点位控制　　D. 半闭环、闭环控制

4. 采用数控机床加工的零件应该是（　　）零件。

A. 单一　　B. 中小批量、形状复杂、型号多变

C. 大批量　　D. 小批量、型号单一

四、简答题

1. 数控机床的特点有哪些?

2. 简述数控车床的基本组成部分及各部分的主要作用。

3. 数控车床按伺服系统的控制方式分类，可以分为哪三大类?

4. 试从控制精度、系统稳定性及经济性三方面比较开环、闭环和半闭环数控系统的优缺点。

5. 简述数控机床中测量装置的主要作用。

第二节　数控车床坐标系

一、填空题（将正确答案填写在横线上）

1. 数控机床中的标准坐标系采用________，并规定________刀具与工件之间距离的方向为坐标正方向。

2. 数控机床坐标系三坐标轴 X、Y、Z 及其正方向用________判定，X、Y、Z 各轴的回转运动及其正方向 $+A$、$+B$、$+C$ 分别用____________________判断。

3. 每个脉冲信号使机床运动部件沿坐标轴产生一个最小位移叫________。

4. 与机床主轴重合或平行的刀具运动坐标轴为________轴，远离工件的刀具运动方向为____________。

5. X 坐标轴一般是________，与工件安装面________，且垂直于 Z 坐标轴。

6. ________________坐标系是编程人员为编程方便，在工件、工装夹具或其他地方选定某一个已知点为原点，建立的一个编程坐标系。

7. 在数控加工前，必须首先设置工件坐标系，编程时可以用____________指令建立工件坐标系；也可以用____________指令选择预先设置好的____________。

8. G54 指令用于______________________________。用 G54 指令设定的加工原点是随________________而变化的。

二、判断题（正确的在括号内打“√”，错误的在括号内打“×”）

1. 插补运动的实际插补轨迹始终不可能与理想轨迹完全相同。（　　）
2. 当数控机床失去对机床参考点的记忆时，必须进行返回参考点的操作。（　　）
3. “G50”是坐标设定指令，也是刀具移动指令。（　　）
4. 插补参数 I、J、K 是指起点到圆心的矢量在 *X*、*Y*、*Z* 三个坐标轴上的分量。（　　）
5. 在 FANUC 数控车床上通常不用建立坐标系。（　　）
6. *Z* 坐标的运动是由传递切削力的主轴所决定的，与主轴轴线平行的坐标轴即为 *Z* 坐标轴。（　　）
7. 机床坐标系是机床上固有的坐标系，是机床制造和调整的基准，也是工件坐标系设定的基准。（　　）
8. 对于工件运动而不是刀具运动的机床，必须在编程时定义为工件相对于刀具的运动。（　　）
9. GB/T 19660—2005 中规定：机床某一部件运动的正方向，是增大工件和刀具之间距离的方向。（　　）
10. 数控编程时，永远假定刀具相对于静止的工件而运动。（　　）

三、选择题（将正确答案的序号填写在括号内）

1. 数控车床控制系统中，可以联动的两个轴是（　　）轴。
   A. *Y*、*Z*　　B. *X*、*Z*　　C. *X*、*Y*　　D. *X*、*C*
2. 在数控机床坐标系中，平行机床主轴的直线运动坐标轴为（　　）轴。
   A. *X*　　B. *Y*　　C. *Z*　　D. *A*
3. 绕 X 轴旋转的回转运动坐标轴是（　　）轴。
   A. *A*　　B. *B*　　C. *Z*　　D. *U*
4. 数控升降台铣床的升降台上下运动坐标轴是（　　）轴。
   A. *X*　　B. *Y*　　C. *Z*　　D. *A*
5. 数控升降台铣床的滑板前后运动坐标轴是（　　）轴。
   A. *X*　　B. *Y*　　C. *Z*　　D. *A*
6. 数控机床的标准坐标系是以（　　）来确定的。
   A. 右手直角笛卡儿坐标系　　B. 绝对坐标系
   C. 相对坐标系　　D. EIA 坐标系
7. 机床坐标系在以下（　　）情况下不必进行设定。
   A. 机床首次开机或关机后重新接通电源时
   B. 解除机床急停状态后
   C. 解除机床超程报警信号后
   D. 程序重新执行时

四、简答题

1. 何为机床坐标系和工件坐标系？其主要区别是什么？

2. 简述利用已确定的 X、Z 坐标的正方向，用右手定则或右手螺旋法则，确定 Y 坐标正方向的方法。

3. 如图 1—1 所示为机床结构示意图，试标出各数控机床的坐标轴及其方向。

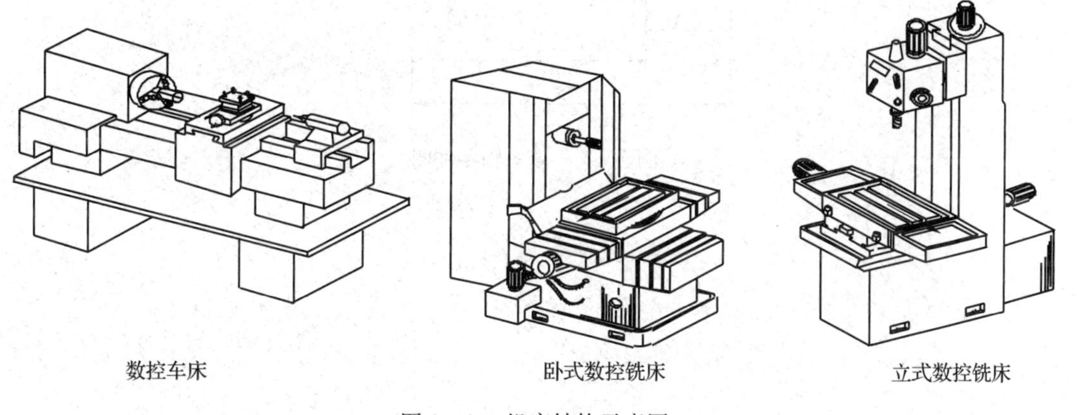

图 1—1　机床结构示意图

五、作图题

要在数控车床上加工如图 1—2 和图 1—3 所示的两个零件，请分别在图中标出建立的工件坐标系。

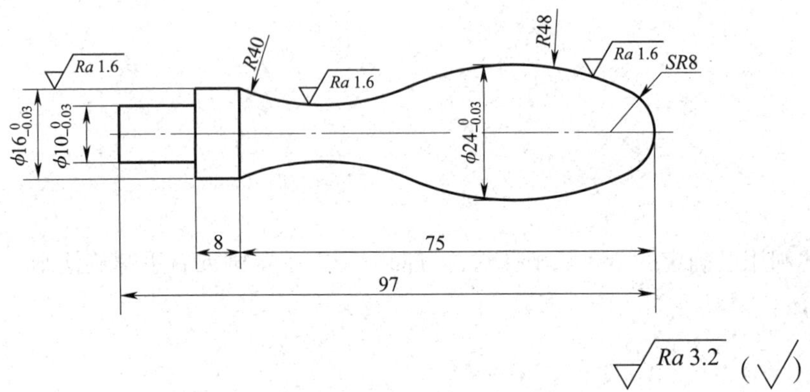

图 1—2　手柄轴零件图

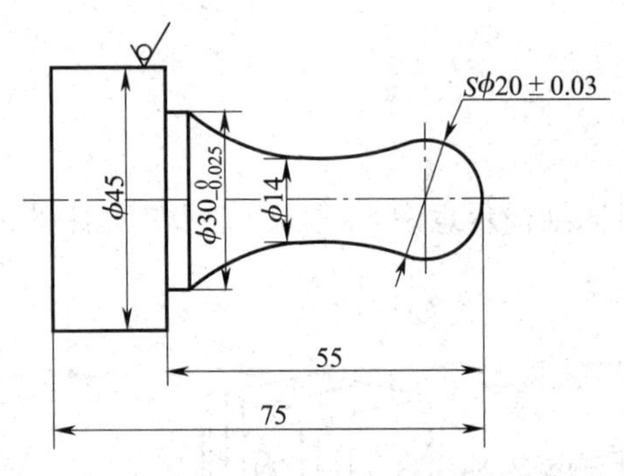

图 1—3　球头轴零件图

第三节　数控车削编程的基本知识

一、填空题（将正确答案填写在横线上）

1. NC 程序由若干个________组成，程序段由若干个________组成。

2. 自动编程根据编程信息的输入与计算机对信息的处理方式不同，分为以________为基础的自动编程方法和以________为基础的自动编程方法。

3. 从零件图开始，到获得数控机床所需控制介质的全过程称为程序编制，程序编制的方法有____________和____________两种。

4. 数控加工程序是数控机床自动加工零件的__________________________。

5. 将程序载体上的数控代码变成相应电脉冲信号的装置称为_____________________。

6. 刀具位置补偿包括____________和____________。

7. 编程指令“T0202”表示____________。

8. 精加工时，应选择较________的背吃刀量，较________的进给量，较________的切削速度。

9. 在指定固定循环之前，必须用辅助功能________使主轴____________。

10. 对刀的目的是确定_____________________坐标系与________坐标系的相对关系。

11. 一个数控加工程序由遵循一定结构、语法和格式规则的若干个____________组成。

12. G40、G41 和 G42 是一组指令，它们主要用于__________ 和__________。

13. G50 指令的功能有两个：一个是_____________________，另一个是__________。

14. 编程时可将重复出现的程序编为________，使用时可以由________多次重复调用。

二、判断题（正确的在括号内打“√”，错误的在括号内打“×”）

1. 当数控加工程序编制完成后即可进行正式加工。（　）

2. 数控机床是在普通机床的基础上将普通电气装置更换成 CNC 控制装置。（　）

3. 数控机床编程有绝对值编程和增量值编程，使用时不能将它们放在同一程序段中。（　）

4. G 代码分为模态 G 代码和非模态 G 代码。（　）

5. 不同的数控机床可能选用不同的数控系统，但数控加工程序指令都是相同的。（　）

6. 一个主程序中只能有一个子程序。（　）

7. 不同结构布局的数控机床有不同的运动方式，但无论何种形式，编程时都认为工件相对于刀具运动。（　）

8. 子程序的编写方式必须是增量方式。（　）

9. 根据数控系统的不同，程序段的顺序号在某些系统中可以省略。（　）

10. 数控机床的定位精度与数控机床的分辨率精度是一致的。（　）

11. 刀具半径补偿是一种平面补偿，而不是轴的补偿。（　）

12. 同组模态G代码可以放在一个程序段中，而且与顺序无关。（　）

13. 在数控程序中绝对坐标与增量坐标可以单独使用，也可以在不同程序段上交叉设置使用。（　）

14. 同一程序中，公、英制单位任意互换不会影响刀具补偿值。（　）

三、选择题（将正确答案的序号填写在括号内）

1. 数控机床的旋转轴之一 *B* 轴是绕（　）轴旋转的轴。

A. *X*　B. *Y*　C. *Z*　D. *W*

2. 目前数控系统中都有子程序功能，并且子程序（　）嵌套。

A. 只能有一层　B. 可以有限层　C. 可以无限层　D. 不能

3. FANUC 0i Mate－TD控制系统数控车床使用（　）指令设置工件坐标系。

A. G90、G91、G92　B. G91、G54～G59、G90

C. G54～G59　D. G93、G53、G94

4. 数控车床的默认加工平面是（　）平面。

A. *XY*　B. *XZ*　C. *YZ*　D. *OX*

5. 关于机床坐标系，下列说法正确的是（　）。

A. 机床坐标系即右手直角笛卡儿坐标系

B. 刀具移动、工件不动的机床和刀具不动、工件移动的机床，其坐标系命名原则是不一样的

C. 机床主运动轴为 *X* 轴

D. 刀具与工件之间距离减小的方向为正方向

6. 数控机床坐标系的确定是假定（　）。

A. 刀具相对于静止的工件而运动　B. 工件相对于静止的刀具而运动

C. 刀具、工件都运动　D. 刀具、工件都不运动

7. 数控机床的位置精度指标有（　）。

A. 定位精度和重复定位精度　B. 分辨率和脉冲当量

C. 主轴回转精度　D. 几何精度

8. 数控车床中，功能字S的单位一般是（　）。

A. mm/r　B. r/mm　C. mm/min　D. r/min

9. 数控机床的机床坐标系是由机床的（　）建立的，（　）。

A. 设计者　机床的使用者不能进行修改

B. 使用者　机床的设计者不能进行修改

C. 设计者　机床的使用者可以进行修改

D. 使用者　机床的设计者可以进行修改

10. 加工程序段的结束部分常用（　）表示。

A. M02　B. M30　C. M00　D. LF

11. ISO标准规定绝对值方式编程的指令为（　）。

A. G90　B. G91　C. G92　D. G98

12. 数控编程时，应首先设定（　）。

A. 机床原点　　B. 固定参考点　　C. 机床坐标系　　D. 工件坐标系

13. G00 指令与下列的（　　）指令不是同一组的。

A. G01　　B. G02、G03　　C. G04　　D. G92

14. 辅助功能中表示无条件程序暂停的指令是（　　）。

A. M00　　B. M01　　C. M02　　D. M30

15. 辅助功能中与主轴有关的 M 指令是（　　）。

A. M06　　B. M09　　C. M08　　D. M05

四、简答题

1. 数控机床程序编制的方法有哪几种？各有何特点？

2. 在数控加工程序的编制过程中，应注意哪些规范要求？

3. 数控程序编制的内容与步骤有哪些？

4. 在数控车床上精加工如图 1—4 所示轴类零件的外轮廓（不含端面），试编制加工程序。要求：

(1) 数控车床的分辨率为 0.01 mm。

(2) 在给定工件坐标系内采用绝对值编程。

(3) 如图 1—4 所示刀尖位置为程序的起点和终点。切入点在锥面的延长线上，其 Z 坐标值为 152。

(4) 进给速度为 50 mm/min，主轴转速为 500 r/min。

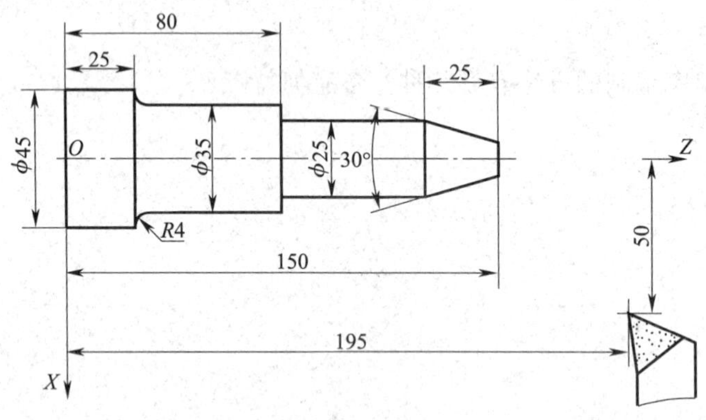

图 1—4　轴类零件图

第四节　程序编制的工艺处理

一、填空题（将正确答案填写在横线上）

1. 对刀点既是程序的________，也是程序的________。为了提高零件的加工精度，对刀点应尽量选在零件的________基准或工艺基准上。

2. 车刀是指在车床上使用的刀具。按加工表面特征可分为________车刀、________车刀、________车刀、________车刀和内孔车刀等；从结构上可分为________车刀、________车刀和________车刀三大类。

3. 常用作车刀材料的硬质合金有____________和____________两类。

4. 切削力的轴向分力是校核机床________的主要依据。

5. 零件加工后的实际几何参数与________的符合程度称为加工精度。加工精度越高，则加工误差越小。

6. 机夹式车刀常用夹紧结构有____________、____________和____________。

7. 走刀路线是指加工过程中，________相对于工件的运动轨迹和方向。

8. 粗加工时，应选择________的背吃刀量、进给量，较________的切削速度。

9. 精加工时，应选择较________的背吃刀量、进给量，较________的切削速度。

10. __________是刀具在整个加工工序中的运动轨迹。

二、判断题（正确的在括号内打“√”，错误的在括号内打“×”）

1. 数控机床适用于单品种、大批量的生产。（　　）

2. 数控车床刀架的定位精度和垂直精度中影响加工精度的主要是前者。（　　）

3. 同一工件，无论用数控机床加工还是用普通机床加工，其工序都一样。（　　）

4. 机床参考点在机床上是一个浮动的点。（　　）

5. 机床参考点是数控机床上固有的机械原点，该点到机床坐标原点在进给坐标轴方向上的距离可以在机床出厂时设定。（　　）

6. 机械零点是机床调试和加工时十分重要的基准点，由操作者设置。（　　）

7. 选择合理的刀具几何角度以及适当的切削用量都能大大提高刀具的工作寿命。（　　）

8. 判断刀具磨损，可借助观察加工表面的粗糙度及切屑的形状、颜色而定。（　　）

9. 刀具前角越大，切屑越不易流出，切削力越大，但刀具的强度越高。（　　）

10. 刀具磨损分为初期磨损、正常磨损、急剧磨损三种形式。（　　）

11. YG 类硬质合金中含钴量较高的牌号耐磨性较好，硬度较高。（　　）

12. 粗加工时，限制进给量提高的主要因素是切削力；精加工时，限制进给量提高的主要因素是表面粗糙度。（　　）

三、选择题（将正确答案的序号填写在括号内）

1. 车削用量的选择原则是：粗车时，一般（　　），最后确定一个合适的切削速度。

A. 应首先选择尽可能大的背吃刀量，其次选择较大的进给量

B. 应首先选择尽可能小的背吃刀量，其次选择较大的进给量

C. 应首先选择尽可能大的背吃刀量，其次选择较小的进给量

D. 应首先选择尽可能小的背吃刀量，其次选择较小的进给量

2. 数控加工中，下列划分工序的方法中错误的是（　　）。

A. 按所用刀具划分工序　　B. 按加工部位划分工序

C. 按粗、精加工划分工序　　D. 按机床划分工序

3. 编制零件机械加工工艺规程，编制生产计划和进行成本核算的基本单元是（　　）。

A. 工位　　B. 工序　　C. 工步　　D. 安装

4. 车内、外圆时，机床（　　）超差，对工件素线的直线度影响较大。

A. 床身导轨的平行度

B. 溜板移动时在水平面内的直线度

C. 床身导轨在垂直平面内的直线度

D. 以上说法都不对

5. 弹簧夹头和弹簧心轴是车床上常用的典型夹具，它能（　　）。

A. 定心　　B. 定心不能夹紧

C. 夹紧　　D. 定心又能夹紧

6. 断续切削时刃倾角应取（　　）。

A. 正值　　B. 负值

C. 零度　　D. 任意

7. 试切工件时，快速倍率开关应置于（　　）。

A. 较高挡　　B. 最高挡

C. 较低挡　　D. 最低挡

8. 试切或加工中，（　　）要重新测量刀具位置并修改刀补值和刀补号。

A. 刃磨刀具后　　B. 更换刀具后　　C. 以上都对

9. 数控机床一般采用机夹刀具，与普通刀具相比有很多特点，但（　　）不是机夹刀具的特点。

A. 刀片或刀具几何参数和切削参数的规范化、典型化

B. 刀具要经常进行重新刃磨

C. 刀片及刀柄高度的通用化、规则化、系列化

D. 刀片或刀具的耐用度及其经济寿命指标的合理化

10. 滚珠丝杠预紧的目的是（　　）。

A. 增加阻尼比，提高抗振性

B. 提高运动平稳性

C. 消除轴向间隙和提高传动刚度

D. 加大摩擦力，使系统能自锁

11. 一般数控车床 X 轴的脉冲当量是 Z 轴脉冲当量的（　　）。

A. 1/2　　B. 相等

C. 2 倍　　D. 4 倍

12．通常，切削温度随切削速度的增大而升高。当切削速度提高到一定程度后，切削温度将随着切削速度的进一步升高而（　　）。

A．开始降低　　B．继续升高

C．保持恒定不变　　D．开始降低，然后趋于平缓

四、简答题

1．数控加工工艺分析的目的是什么？包括哪些内容？

2．制定数控车削加工工艺方案时应遵循哪些基本原则？

3．在数控机床上按“工序集中”原则组织加工有何优点？

4. 在数控车床上加工如图 1—5 所示的零件，材料为 45 钢，毛坯尺寸为 ϕ30 mm×100 mm，试编制该零件的加工工艺。

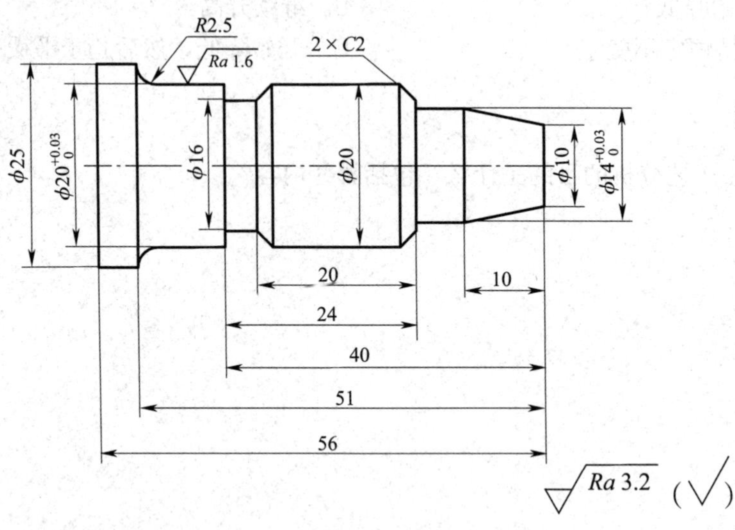

图 1—5　零件图

第五节　手工编程中的数学处理

一、填空题（将正确答案填写在横线上）

1. ________________精度是反映坐标轴运动稳定性的基本指标，而车床运动稳定性决定着加工零件质量的稳定性和误差的一致性。

2. 等间距直线逼近法生成的每个程序段的直线长度________________，各线段的逼近误差________________。

3. 等弦长直线逼近法生成的每个程序段的直线长度________________________，各线段的逼近误差________________________。

4. 对于由直线和圆弧组成的平面轮廓，在编程时需计算直线与圆弧的切点和交点，这些切点和交点称为________________________。

5. 零件程序编制中数学处理的主要任务是计算轮廓曲线的________________。

6. 采用数控方法进行零件加工，主要存在几项误差：________、________、________和________等。

7. 非圆曲线主要是指____________________和________________两类曲线。前者可用__________法和____________________来进行数学处理；后者则要通过__________来进行数学处理。

8. 数控机床实现插补运算较为成熟并得到广泛应用的是__________插补和__________插补。

9. 编程时的数值计算，主要是计算零件的__________和__________的坐标，或刀具中心轨迹的__________和__________的坐标。

二、判断题（正确的在括号内打“√”，错误的在括号内打“×”）

1. 所谓节点计算就是指逼近直线或圆弧段与非圆曲线的交点或切点计算。（　　）

2. 机械零点是机床调试和加工时十分重要的基准点，由操作者设置。（　　）

3. 绝对值方式是指控制位置的坐标值均以机床某一固定点为原点来计算计数长度。（　　）

4. 增量值方式是指控制位置的坐标是以上一个控制点为原点的坐标值。（　　）

5. 由直线和圆弧组成的平面轮廓，编程时数值计算的主要任务是求各交点的坐标。（　　）

6. 由非圆方程曲线 $y=f(x)$ 组成的平面轮廓，编程时数值计算的主要任务是求各节点坐标。（　　）

7. 辅助计算包括增量计算、辅助程序段的数值计算、标注尺寸转换成编程尺寸等。（　　）

8. 圆弧与圆弧相交或相切，计算的方法可以是联立方程组求解，也可利用几何元素间的三角函数关系求解。（　　）

三、简答题

1. 简述基点与节点的概念。

2. 对非圆曲线的逼近处理有哪些方法？对于可用方程表达的二次曲线常用哪两种方法？它们各有什么特点？

四、计算题

1. 如图 1—6 所示，以 O 点为原点，用三角函数法求出 A、B、C、D 点的坐标。

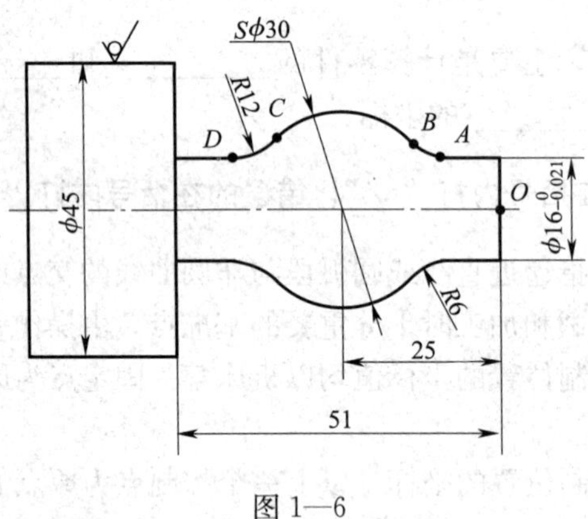

图 1—6

2. 如图 1—7 所示，以 A 点为原点，求出图中 B、C、D、E、F 点的坐标。

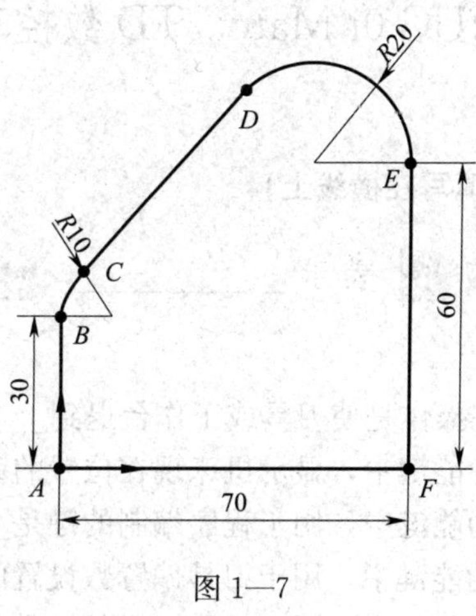

图 1—7

第二章　数控车床的基本操作和维护与保养

第一节　FANUC 0i Mate－TD 数控车床面板介绍

一、填空题（将正确答案填写在横线上）

1. FANUC 0i 系统面板 ALTER 表示＿＿＿＿＿＿，INSRT 表示＿＿＿＿＿，EOB 表示＿＿＿＿＿，INPUT 表示＿＿＿＿＿＿。

2. 机床接通电源后的回零操作是使刀具或工作台退到＿＿＿＿＿＿。

3. 在 CRT/MDI 面板的功能键中，显示机床现在位置的键是＿＿＿＿＿。

4. 在 CRT/MDI 面板的功能键中，用于程序编制的键是＿＿＿＿＿。

5. 在 CRT/MDI 面板的功能键中，用于刀具偏置数设置的键是＿＿＿＿＿。

6. 在 CRT/MDI 面板的功能键中，用于报警显示的键是＿＿＿＿＿。

7. 数控程序编制功能中常用的插入键是＿＿＿＿＿。

8. 数控程序编制功能中常用的删除键是＿＿＿＿＿。

9. 在 CRT/MDI 操作面板上页面变换键是＿＿＿＿＿＿＿。

10. 在“机床锁定”（FEED HOLD）方式下，进行自动运行，＿＿＿功能被锁定。

二、判断题（正确的在括号内打“√”，错误的在括号内打“×”）

1. 按数控系统操作面板上的 RESET 键后就能消除报警信息。（　）

2. CNC 车床若无机械原点自动记忆装置，开机后一般是先回归机械原点，再执行程序。（　）

3. 回归机械原点操作只有手动操作方式。（　）

4. 单节操作（SINGLE BLOCK）OFF 时，能依照指定的程序，一个单节接一个单节连续执行。（　）

5. 单节删除符号“/”应配合操作面板上的“option stop”操作。（　）

6. 执行单节跳跃（BLOCK SKIP），应配合面板开关使用。（　）

7. FANUC 0i Mate－TD 系统面板分为两大区域，MDI 区域和编辑面板区域。（　）

8. OFFSET SETTING 用于进行刀具补偿数据的显示与设定。（　）

9. 某些键的顶部有两个字符，用 CAN 键进行选择。（　）

10. 系统电源开关包括“控制器通电”和“控制器断电”两个按钮。（　）

三、选择题（将正确答案的序号填写在括号内）

1. 面板上 POS 按键的功能是（　　）。

A. 显示坐标　　B. 显示参数　　C. 设定资料　　D. 程序输入

2. OFFSET SETTING 按钮用于显示（　　）。

A. 坐标　　B. 参数　　C. 补正值　　D. 侦错

3. 下列操作键中，（　　）不是编辑程序时的功能键。

A. POS　　B. ALTER　　C. DELETE　　D. INSERT

4. 执行程序 M01 指令，应配合操作面板上的（　　）开关。

A. “/” SLASH　　B. OPTION STOP　　C. COOLANT　　D. DRY RUN

5. 数控机床的操作，一般有点动（JOG）模式、自动（AUTO）模式、手动数据输入（MDA）模式，在运行已经调试好的程序时，通常采用（　　）。

A. 点动（JOG）模式　　B. 自动（AUTO）模式

C. 手动数据输入（MDA）模式　　D. 单段运行模式

6. 下面不属于方式选择开关的是（　　）。

A. 程序启动　　B. 编辑　　C. 自动　　D. 快速

7. 点动步长选择没有的挡位是（　　）mm。

A. 0.01　　B. 0.1　　C. 1　　D. 10

8. PROG 键可以（　　）。

A. 切换显示器到程序管理界面　　B. 切换显示器到机床位置界面

C. 用来显示系统画面　　D. 用来显示提示信息

四、简答题

1. 简述 FANUC 0i Mate－TD 机床系统面板上各按键和按钮的功能。

2. 机床操作面板上的“方式选择”旋钮可以选择哪些操作方式？

3. 简述 FANUC 0i Mate－TD 机床操作面板上各按键和按钮的功能。

4. 简述点动步长的选择类型。

第二节　数控车床基本操作

一、填空题（将正确答案填写在横线上）

1. 开机后的首要工作是先返回________，其目的是建立机床坐标系。

2. MDI 方式操作机床回零，按“MDI”功能键，进入 MDI 操作界面，输入________即可。

3. 在返回机床参考点之前，确保当前位置为参考点的负方向一段距离。一般在回机床参考点时，为了安全，应先回________轴，再回________轴。

4. 对刀设定 Z 轴：先车工件端面，按 OFFSET SETTING 按钮，按软菜单键“形状”，在刀补号 G001 中输入________，按软菜单键________，则 Z 坐标方向设置好。

5. 对刀设定 X 轴：试切外圆一刀，沿 Z 轴方向退刀，停主轴，测量工件直径（假设测量值为 ϕ42.36），然后按________键，按软菜单键________，在刀补号 G001 中输入________，按软菜单键“测量”，则 X 坐标方向设置好。

6. 所谓零点偏移就是____。

7. 将机床面板上“方式选择”开关旋转至________状态，机床进入手动操作模式。

8. ________方式也叫数据输入方式，它具有从操作面板输入一个程序段或指令并执行该程序段或指令的功能。

9. 每输入一个程序段后按________键表示语句结束，然后按“INSET”键将该语句输入。

10. 输入要删除的程序号 O0100，按________键则程序 O0100 被删除。

二、判断题（正确的在括号内打“√”，错误的在括号内打“×”）

1. 当数控机床失去对机床参考点的记忆时，必须进行返回参考点的操作。（　）
2. 数控机床在手动和自动运行中，一旦发现异常情况，应立即使用紧急停止按钮。（　）
3. 在机床接通电源后，通常都要做回零操作，使刀具或工作台退到机床参考点。（　）
4. 执行程序车削工件前，应根据程序内容将刀具移至适当位置。（　）
5. 执行程序前，应先检查补正值。（　）
6. 若遇机械故障停机时，应操作选择停止开关。（　）
7. 操作中程序若有错误，须选择编辑（EDIT）操作模式修改程序。（　）
8. 数控车床警示灯亮时，表示有异常现象。（　）
9. 故障发生时，可由屏幕的诊断画面得知警示（ALARM）信号。（　）
10. 若数控车床长时间不使用，宜适时开机以避免 NC 资料遗失。（　）
11. 一般数控车床在正常使用时，开机后的第一个步骤是各轴先行复归机械原点。（　）

三、选择题（将正确答案的序号填写在括号内）

1. 执行程序车削工件前，不宜将刀具移至（　）。
   A. 机械原点　B. 程序原点　C. 相对坐标原点　D. 刀具起点
2. 执行程序终了的单节 M02，再执行程序的操作方法为（　）。
   A. 按启动按钮
   B. 按紧急停止按钮，再按启动按钮
   C. 按重置（RESET）按钮，再按启动按钮
   D. 连续按两次启动按钮
3. 程序校验与首件试切的作用是（　）。
   A. 检查机床是否正常
   B. 提高加工质量
   C. 检验程序是否正确及零件的加工精度是否满足图样要求
   D. 检验参数是否正确
4. 下列操作键中，（　）不是编辑程序时的功能键。
   A. POS　B. ALTER　C. DELETE　D. INSERT
5. 数控车床若无原点自动记忆装置，在开机后的第一步骤宜先执行（　）。
   A. 机械原点复归　B. 编辑程序
   C. 加工程序　D. 检查程序
6. 数控机床工作时，当发生任何异常现象需要紧急处理时应启动（　）。
   A. 程序停止功能　B. 暂停功能　C. 紧停功能
7. 回零操作就是使运动部件回到（　）。
   A. 机床坐标系原点　B. 机床的机械零点
   C. 工件坐标系原点

8. 在“机床锁定”（FEED HOLD）方式下，进行自动运行，(　　) 功能被锁定。
   A. 进给　　　　B. 刀架转位　　　　C. 主轴
9. 数控机床操作时，每启动一次，只进给一个设定单位的控制称为 (　　)。
   A. 单步进给　　　　B. 点动进给　　　　C. 单段操作

四、简答题

1. 简述新程序的创建方法。

2. FANUC 0i 系统数控车床如何进行手摇轮的操作?

3. 在 FANUC 0i 系统数控车床中，简述从任意程序段执行程序的方法。

4. 怎样在 FANUC 0i 系统中进行删除程序操作？

5. 数控车床加工零件时为什么要对刀？试述试切法对刀的过程。

第三节　数控车床的日常维护与保养

一、填空题（将正确答案填写在横线上）

1. ____________电动机电刷的过度磨损将会影响电动机的性能，甚至造成电动机损坏。

2. 每次使用前，应检查数控装置上各个________ 是否正常，以防数控装置内温度过高。

3. 现代数控机床上有交流伺服电动机和交流主轴电动机取代________ 和________________的倾向。

4. 检查周期随机床使用频率而异，一般为____________检查一次。

5. 数控装置通常允许电网电压在额定值的±____________的范围内波动。

6. 存储器如采用____________器件，为了在数控系统突然停电时能保持存储的内容，备有充电电池维持电路。

7. 在空气湿度较大的地区，____________是降低故障率的一大有效措施。

8. 数控机床进行____________可有效防止机床非正常磨损，避免突发故障。

9. 安全文明生产是________的一项十分重要的内容。

10．进入岗位必须按规定穿戴好____________。

二、判断题（正确的在括号内打“√”，错误的在括号内打“×”）

1．安全管理是综合考虑“物”的生产管理功能和“人”的管理，目的是生产更好的产品。（　）

2．通常车间生产过程仅仅包含以下四个组成部分：基本生产过程、辅助生产过程、生产技术准备过程、生产服务过程。（　）

3．车间生产作业的主要管理内容是统计、考核和分析。（　）

4．车间日常工艺管理中首要任务是组织职工学习工艺文件，进行遵守工艺纪律的宣传教育，并例行工艺纪律的检查。（　）

5．更换系统的后备电池时，必须在关机断电的情况下进行。（　）

6．炎热的夏季车间温度高达35℃以上，因此要将数控柜的门打开，以增强通风散热。（　）

7．自动润滑系统的定期保养项目中，宜注意滤网清洗。（　）

8．数控车床加工完毕后，为了让隔天下一个接班人操作更方便，可不必清理床台。（　）

9．操作数控车床时，为了安全，不可穿宽松衣物及戴手套。（　）

10．数控车床的主轴为精密组件，所以必须时常保持清洁。（　）

11．主轴运转时出现异常温升及噪声，表示主轴异常。（　）

三、选择题（将正确答案的序号填写在括号内）

1．数控机床精度检验主要包括机床的几何精度检验、坐标精度检验和（　）精度检验。

A．综合　B．运动　C．切削　D．工作

2．数控机床加工过程中，发现刀具突然损坏，应首先采取的措施是（　）。

A．关闭机床电源　B．关闭数控系统电源

C．速按暂停键　D．速按急停键

3．影响数控车床加工精度的因素很多，要提高加工工件的质量，有很多措施，但（　）不能提高加工精度。

A．减小刀尖圆弧半径对加工的影响　B．正确选择车刀类型

C．控制刀尖中心高误差　D．将绝对编程改变为增量编程

4．为了保障人身安全，在正常情况下，电气设备的安全电压规定为（　）V。

A．12　B．24　C．36　D．42

5．滚珠丝杠副消除轴向间隙的主要目的是（　）。

A．减少摩擦力矩　B．提高使用寿命

C．提高反向传动精度　D．增大驱动力矩

6．数控机床日常保养中，（　）部位需定期检查。

A．各防护装置　B．废油池　C．排屑器　D．切削液箱

7．生产安全管理活动不包括（　）。

A．警示教育　B．安全教育

C. 文明教育　　　　　　　　　D. 上下班的交通安全教育

8. 掉电保护电路是为了（　　）。

A. 防止强电干扰　　　　　　　B. 防止系统软件丢失

C. 防止 RAM 中保存的信息丢失　D. 防止电源电压波动

9. 热继电器在控制电路中起的作用是（　　）。

A. 短路保护　B. 过载保护　C. 失压保护　D. 过电压保护

10. 数控机床加工调试中遇到问题想停机应先停止（　　）。

A. 切削液　B. 主运动　C. 进给运动　D. 辅助运动

11. 数控机床电气柜的空气交换部件应（　　）清除积尘，以免温升过高产生故障。

A. 每日　B. 每周　C. 每季度　D. 每年

12. 数控机床如长期不用时最重要的日常维护工作是（　　）。

A. 清洁　B. 干燥　C. 通电　D. 维修

13. 调整数控机床的进给速度直接影响到（　　）。

A. 加工零件的表面粗糙度和精度、刀具和机床的寿命、生产效率

B. 加工零件的表面粗糙度和精度、刀具和机床的寿命

C. 刀具和机床的寿命、生产效率

D. 生产效率

14. 数控机床每次接通电源后在运行前首先应做的是（　　）。

A. 给机床各部分加润滑油　　　B. 检查刀具安装是否正确

C. 机床各坐标轴回参考点　　　D. 检查工件安装是否正确

四、简答题

1. 试述数控车床的安全文明操作规程。

2. 数控车床常见的故障有哪些？

3. 数控车床精度检验具体有哪些要素？

4. 数控车床的日常维护及保养内容有哪些？

第三章　数控车床仿真加工

第一节　常用数控仿真软件简介

一、填空题（将正确答案填写在横线上）

1. 图标表示数控车床仿真软件的________________功能。

2. 快捷图标表示________，快捷图标表示________。

3. 图标表示________________。

4. ____________是将 CNC 数控设备、工作过程 CAD/CAM、车削加工方案、系统控制编程等，利用三维模拟技术和大量的图表、数据、解释和习题的方式进行演示和训练。

5. 新建的项目会将本次操作所选用的____________、____________、____________等记载下来。

6. 如果打开的是一个未完的项目，则这时的主窗口内将显示________时的样子。

7. 到存放零件模型的文件夹中找寻文件，文件的后缀名为________，请不要更改后缀名。

二、判断题（正确的在括号内打"√"，错误的在括号内打"×"）

1. 可以完成几何造型（建模）、刀位轨迹计算及生成、后置处理、程序输出功能的编程方法，被称为交互式自动编程。（　　）

2. 在 VNUC 仿真软件中，在刀架上可以设置并安装钻头。（　　）

3. 在 VNUC 仿真软件中，可以进行螺纹的数控车削加工。（　　）

4. 在 VNUC 仿真软件中，在安装毛坯之前应当先设置毛坯的尺寸规格并建立新毛坯。（　　）

5. VNUC 仿真软件可以进行即时操作录像，以便于实际教学演示。（　　）

6. 在视图窗口，表示对显示窗口进行平移、旋转、放大或缩小等操作。（　　）

7. 在 VNUC 仿真软件中，可以运用宏程序功能编程加工椭圆等非圆曲线轮廓。（　　）

8. 在 VNUC 仿真软件菜单"选项"栏"选择机床和系统"里面可以选择机床的类型和数控系统的类型。（　　）

三、简答题

1. 在 VNUC 数控仿真系统中，简述安装毛坯的操作步骤。

2. 在 VNUC 数控仿真系统中，如何建立一个新项目？建立新项目的作用是什么？

3. 在数控车床仿真系统加工操作中，常采用试切法对刀。如何使用“测量”视图来测量毛坯直径？

4. 在 VNUC 数控仿真系统中，打开系统后首先应该进行哪些操作？

5. 应用长度偏移法进行单把刀具对刀应该如何操作？

6. 如何在 VNUC 数控仿真系统中导入数控加工程序？

第二节　数控仿真软件的应用

一、填空题（将正确答案填写在横线上）

1. FANUC 0i 数控车床仿真软件面板分为上、下两部分，上半部分为________，下半部分为________，由各种功能键和按钮组成。

2. 仿真软件操作与数控车床操作基本相似，包括回零、________、________、________、程序编辑、自动加工等操作。

3. 检查操作面板上________________是否亮，若指示灯亮，则已进入回原点模式。

4. 数控程序一般按工件坐标系编程，________过程就是建立工件坐标系与机床坐标系之间关系的过程。

5. 用所选刀具试切工件外圆，单击____________________按钮，使主轴停止转动。

6. 单击 MDI 键盘上的________________键，进入形状补偿参数设定界面，将光标移到与刀位号相对应的位置，输入直径方向实际测量值。

7. 数控程序可以通过记事本或写字板等编辑软件输入并保存为________ 格式（*.txt 格式）文件，也可直接用 FANUC 0i 系统的________ 键盘输入。

8. 单击操作面板上的________按钮，编辑状态指示灯变亮，此时已进入编辑状态。

二、仿真加工

1. 如图 3—1 所示为一个典型的销轴零件，材料为 45 钢，毛坯尺寸为 $\phi30$ mm×60 mm。在 VNUC 仿真软件上，试用手动切削功能加工该零件。

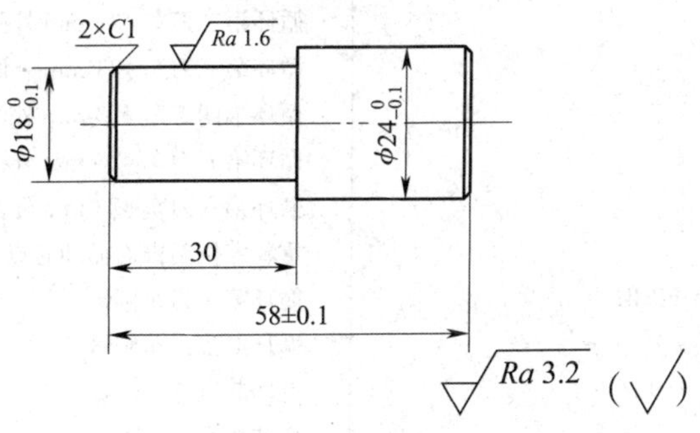

图 3—1　销轴零件图

2. 如图 3—2 所示的零件，输入提供的加工程序，材料为 45 钢，毛坯尺寸为 ϕ45 mm×60 mm，在仿真软件上加工该零件。

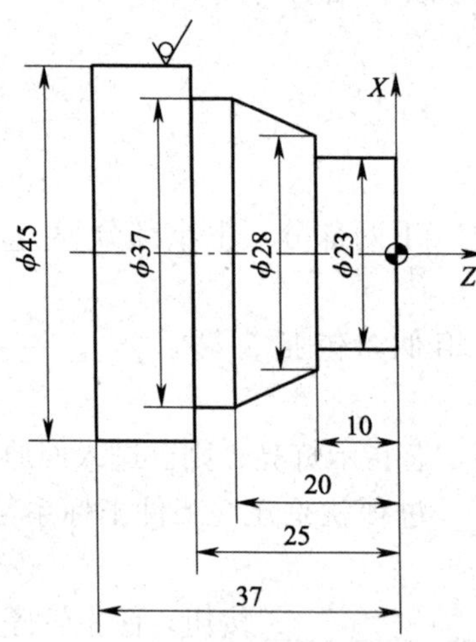

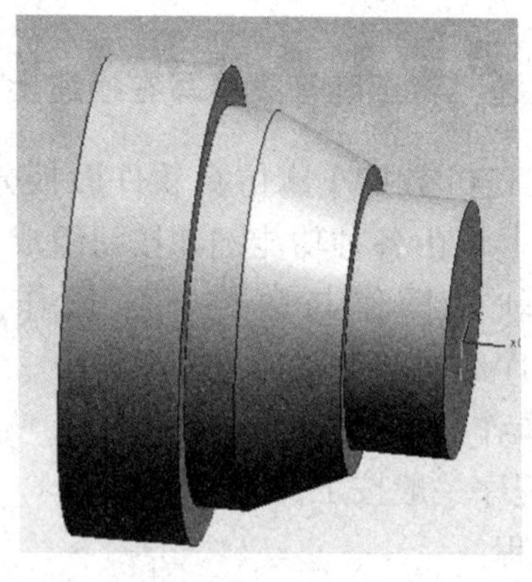

图 3—2 零件图

程序	说明
O0002;	程序名
M03 S600;	启动主轴，转速 600 r/min
T0101;	选择 1 号刀
G00 X46.0 Z2.0;	快速定位至循环前的起点（46，2）
G90 X41.0 Z-25.0 F0.2;	循环第一刀车 ϕ37 mm 外圆至 ϕ41 mm
X37.5;	循环第二刀车 ϕ37 mm 外圆至 ϕ37.5 mm
X33.0 Z-10.0;	循环第三刀车 ϕ23 mm 外圆至 ϕ33 mm
X29.0;	循环第四刀车 ϕ23 mm 外圆至 ϕ29 mm
X25.0;	循环第五刀车 ϕ23 mm 外圆至 ϕ25 mm
X23.5;	循环第六刀车 ϕ23 mm 外圆至 ϕ23.5 mm
G00 X40.0 Z-10.0;	重新定位至锥面循环起点
G90 X41.0 Z-20.0 R-4.5 F0.2;	循环第一刀车圆锥
X37.5;	循环第二刀车圆锥
G00 X46.0 Z2.0;	返回起点
S1200;	变速精车
G00 X23.0;	快速定位
G01 Z-10.0 F0.1;	精加工 ϕ23 mm 外圆
X28.0;	退刀至 ϕ28 mm
X37.0 Z-2.0;	精加工圆锥
Z-25.0;	精加工 ϕ37 mm 外圆
X46.0;	退刀
G00 X100.0 Z100.0;	快速退刀至（100，100）
M30;	结束程序并返回

3. 如图 3—3 所示为轴类零件图，材料为 45 钢，棒料直径为 50 mm，试编写其数控车加工程序，通过 VNUC 仿真软件选择 FANUC 0i Mate - TD 系统进行仿真加工。

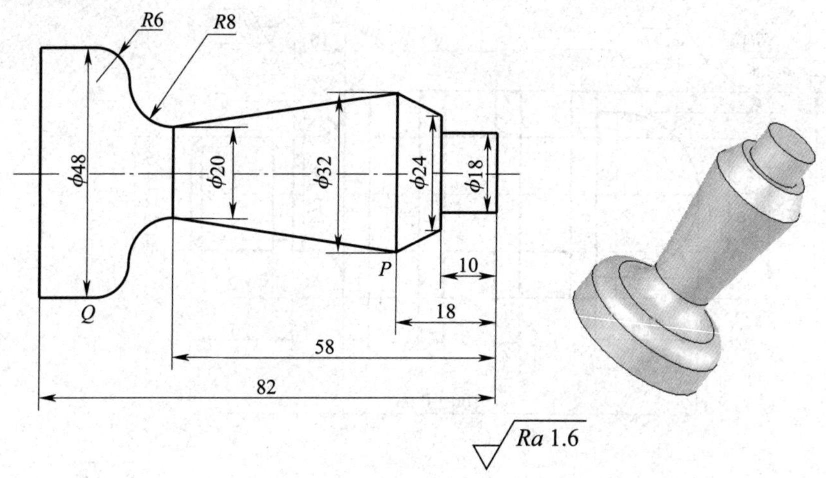

图 3—3　轴类零件图

4. 如图 3—4 所示的螺纹轴零件，材料为 45 钢，毛坯尺寸为 ϕ45 mm×105 mm，通过 VNUC 仿真软件选择 FANUC 0i Mate－TD 系统进行仿真加工，并将程序打印出来。

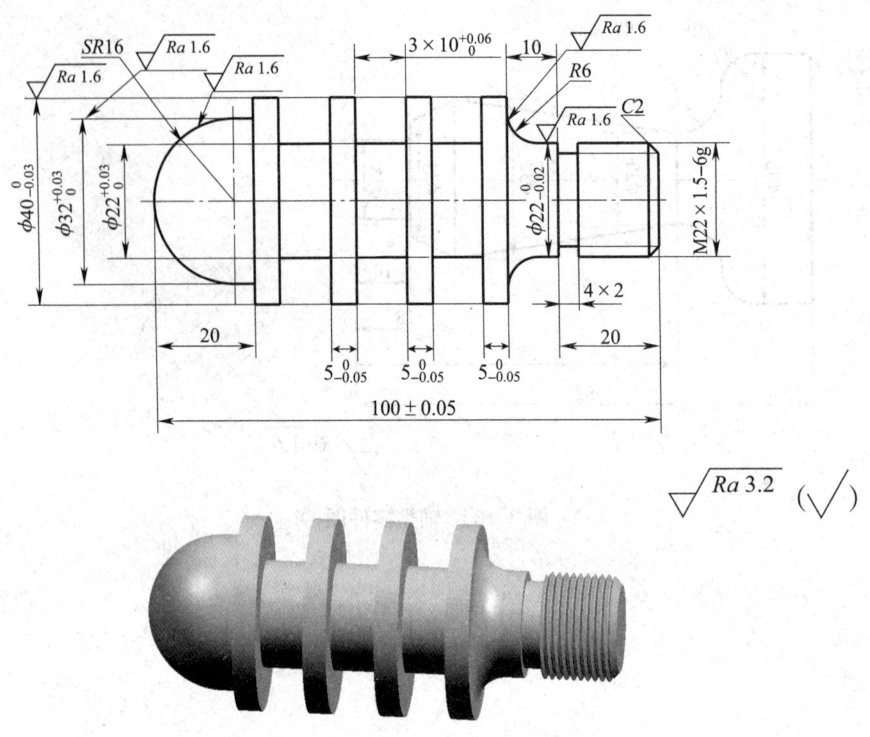

图 3—4　螺纹轴零件图

第四章　外轮廓加工

第一节　车削外圆/端面及外锥面

一、填空题（将正确答案填写在横线上）

1. 编程中设定定位速度 F_1＝5 000 mm/min，切削速度 F_2＝100 mm/min，如果设置进给修调为 80％，则实际速度为 F_1＝____________；F_2＝____________。

2. M30 表示____________，M08 表示____________，M09 表示____________。

3. 手动增量方式下以毫米为单位，“×100”代表的单位移动距离为____________。

4. 车圆锥时出现双曲线误差是由于____________。

5. 请写出下列对应英文词汇表示的含义：SPINDLE ________、EMERGENCY STOP ________、FEED ________、COOLANT ________。

二、判断题（正确的在括号内打“√”，错误的在括号内打“×”）

1. 从 A 点（X100，Z100）到 B 点（X50，Z2），分别使用 G00、G01 指令编制程序，其刀具路径相同。（　　）

2. G00、G01 指令都能使机床坐标轴准确到位，因此它们都是插补指令。（　　）

3. M00 指令属于准备功能字指令，含义是主轴停转。（　　）

4. 车孔时，车刀装得高于工件中心，工作前角增大，工作后角减小。（　　）

5. G00 功能是以车床设定的最大运动速度定位到目标点。（　　）

三、选择题（将正确答案的序号填写在括号内）

1. 关于数控车床的编程特点，下列叙述正确的是（　　）。

   A. 在一个程序段中，根据图样上标注的尺寸，可以采用绝对值编程、增量值编程，但不可以采用两者混合编程

   B. 直径方向用绝对值编程时，X 以半径表示

   C. X 向脉冲当量与 Z 向脉冲当量相等

   D. 对具有刀具半径补偿功能的数控系统，在编程时可以采用该功能（G41、G42）进行补偿

2. 数控机床程序中，F100 表示（　　）。

   A. 切削速度　　　　B. 进给速度

C. 主轴转速　　　　　　　　　　D. 步进电动机转速

3. 使用快速定位指令 G00 时，刀具整个运动轨迹不一定是直线，因此，要注意防止（　　）。

A. 过冲现象　　　　　　　　　　B. 定位不准现象

C. 刀具和工件及夹具发生干涉现象　D. 停车困难现象

4. G00 速度是由（　　）决定的。

A. 机床内参数　　　　　　　　　B. 操作者输入

C. 编程　　　　　　　　　　　　D. 进给速度

5. 千分尺微分筒转动一周，测微螺杆移动（　　）mm。

A. 0.1　　B. 0.01　　C. 1　　D. 0.5

四、简答题

1. 数控机床坐标轴手动操作有哪几种方式？

2. 模态指令（模态代码）和非模态指令（非模态代码）的区别是什么？

五、编程题

1. 已知如图 4—1 所示零件的加工程序如下：

（1）试检查修改其中的错误。

（2）注释说明每段程序的含义。

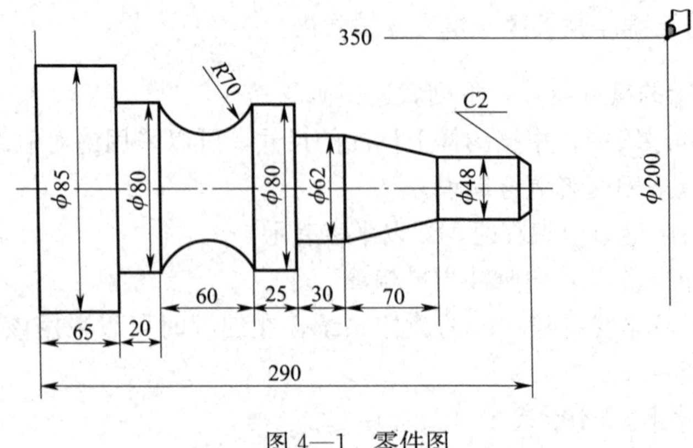

图 4—1　零件图

```
O0001;
N001  T0101;
N002  S630 M03;
N003  G90 G00 X44.0 Z292.0 M08;
N004  G01 X48.0 Z290.0 F150;
N005  Z275.0;
N006  X62.0 Z200.0;
N007  G91 Z30.0;
N008  X80.0 Z-25.0;
N009  G03 Z60.0 R70.0;
N010  G90 Z65.0;
N011  X85.0;
N012  G00 X400.0 Z350;
N013  M05;
N014  M30;
```

2. 如图 4—2 所示的零件，材料为 45 钢，毛坯尺寸为 ϕ35 mm×60 mm，试编写其数控车加工程序。

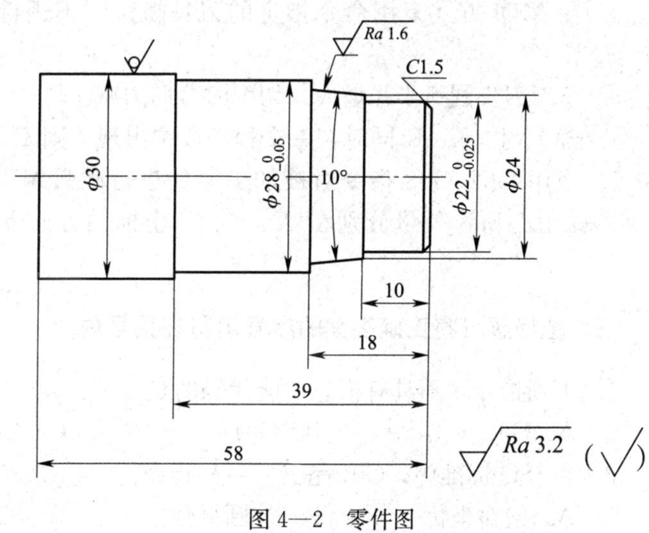

图 4—2　零件图

第二节　车削圆弧面

一、填空题（将正确答案填写在横线上）

1. G02表示＿＿＿＿＿＿＿＿＿＿＿指令，G03表示＿＿＿＿＿＿＿＿＿＿＿指令。

2. 采用半径编程方法编写圆弧插补程序时，当其圆弧所对圆心角＿＿＿＿＿＿＿＿＿＿＿时，该半径R取负值。

3. “G02　X40 Z50 I－7 K10 F0.1”程序段中的I和K表示＿＿＿＿＿＿＿＿＿＿＿＿＿坐标。

4. 零件程序编制中数学处理的主要任务是计算轮廓曲线的＿＿＿＿＿＿＿＿＿＿＿＿＿。

5. 具有使程序在“任选停止”键有效时停止运行的M指令是＿＿＿＿＿＿＿＿＿＿＿。

6. 刀尖圆弧半径增大，会使径向阻力＿＿＿＿＿＿＿＿＿＿＿。

二、判断题（正确的在括号内打“√”，错误的在括号内打“×”）

1. G02是逆时针圆弧插补，G03是顺时针圆弧插补。（　　）

2. 在MDI方式下用命令指定的刀具轨迹，不进行刀具半径或刀尖半径的补偿。（　　）

3. 车刀刀尖圆弧半径增大，切削时背向力减小。（　　）

4. 若I、J、K、R同时在一个程序段中出现，则R被忽略，I、J、K有效。（　　）

5. 当用G02/G03指令对被加工零件进行圆弧编程时，圆心坐标I、J、K为圆弧终点到圆弧中心所作矢量分别在X、Y、Z坐标轴方向上的分矢量（矢量方向指向圆心）。（　　）

三、选择题（将正确答案的序号填写在括号内）

1. 下列指令中不具有模态功能代码的是（　　）。

   A. G00　　B. G01　　C. G02　　D. G04

2. 在ISO标准中，G01是（　　）指令。

   A. 绝对坐标　　B. 外圆循环　　C. 直线插补　　D. 坐标系设定

3. 以下（　　）不是尺寸字的地址码。

   A. I　　B. N　　C. X　　D. U

4. 车圆锥时出现双曲线误差是由于（　　）。

   A. 刀尖与工件回转中心不等高

   B. 刀具主偏角过小

   C. 刀尖与工件回转中心等高

   D. 以上都不对

5. 某机床定义G41为刀具半径左补偿，即刀具（　　）。

   A. 沿工件左侧方向运动时的半径补偿

B. 沿机床左侧方向运动时的半径补偿

C. 沿机床右侧方向运动时的半径补偿

D. 沿工件右侧方向运动时的半径补偿

6. 车床（只有 X、Z 轴）圆弧插补时，观察者沿圆弧所在平面的垂直坐标轴（Y 轴）的负方向看去，顺时针方向为 G02，逆时针方向为 G03。通常，圆弧的顺逆方向判别与车床刀架位置有关，如图 4—3 所示，下列说法正确的是（　　）。

A. 图 4—3a 表示刀架在机床内侧时的情况

B. 图 4—3a 表示刀架在机床外侧时的情况

C. 图 4—3b 表示刀架在机床内侧时的情况

D. 以上说法均不正确

图 4—3　圆弧的顺逆方向与刀架位置的关系

7. 在 ISO 标准中，G02 是（　　）指令。

A. 绝对坐标　　B. 外圆循环

C. 顺时针圆弧插补　　D. 相对坐标

8. “G02 X20 Y20 R－10 F100”所加工的一般是（　　）。

A. 整圆　　B. 夹角≤180°的圆弧

C. 180°＜夹角＜360°的圆弧　　D. 夹角≤90°的圆弧

9. 圆弧加工指令 G02/G03 中，I、K 值用于指定（　　）。

A. 圆弧终点坐标　　B. 圆弧起点坐标

C. 圆心的坐标　　D. 起点相对于圆心位置

10. G02 Y _Z _J _K _F _选择平面的命令应是（　　）。

A. G17　　B. G18　　C. G19　　D. G20

11. 圆弧插补参数 I、J、K 是圆弧（　　）到圆心的矢量坐标。

A. 终点　　B. 起点　　C. 半径　　D. 无法判断

四、简答题

1. 简述数控机床坐标轴和运动方向命名的原则。

2. 加工圆弧时，使圆弧加工产生误差的原因有哪些？预防措施有哪些？

五、编程题

1. 加工如图 4—4 所示的零件，毛坯直径为 35 mm，长度尺寸有足够余量，若不使用固定循环指令，采用直径编程，部分加工程序已给出。请仔细阅读零件的加工程序，并在括号内补齐程序或填写程序注释。

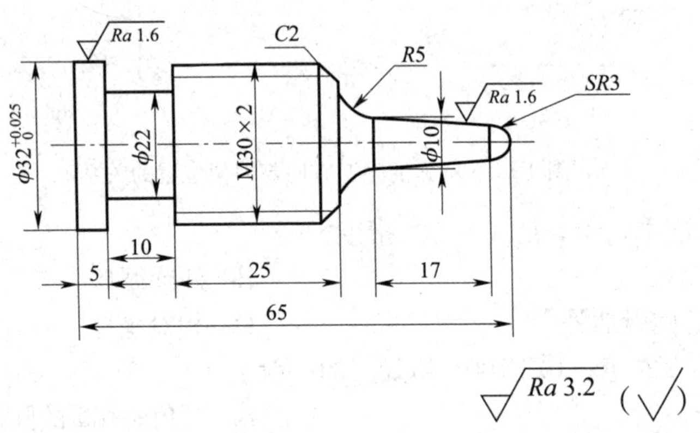

图 4—4　零件图

程序	注释
O0002;	
N0010　S500 M03 G98;	(　　　　)
N0020　M08 T0101;	打开切削液，选择 1 号刀具
N0030　G00 X33 Z2;	快进至（33，2）点，准备粗车
N0040　G01 Z—70 F150;	粗加工，直径为（　　　）
N0050　G00 X35 Z2;	退刀
N0060　X32 Z2;	进刀至（32，2）点，准备精车 ϕ32 mm 外圆
N0070　G01 X（　）Z（　）F50;	精车整个零件的 ϕ32 mm 外圆至尺寸
N0080　G00 X35 Z2;	退刀
N0090　X30;	进刀至（30，2）点，准备精车 ϕ30 mm 外圆
N0100　G01 X（　）Z（　）F50;	精车 ϕ30 mm 外圆至尺寸
N0110　X33;	(　　　　　　　)
N0120　G00 Z2;	退刀

```
N0130  X25;                      进刀至（25，2）点，准备粗车圆锥面
N0140  G01 X25 Z—20 F80;         粗车圆锥面，至大头直径为 25 mm
N0150  X26 Z—25;                 粗车 R5 圆弧（车锥面）
N0160  X30 Z—27;                 (          )
N0170  G00 Z2;                   退刀至（        ，        ）点
N0180  X20;                      进刀至（20，2）点，准备第二次粗车圆锥面
N0190  G01 X20 Z—20 F80;         第二次粗车圆锥面，至大头直径为 20 mm
N0200  G00 X25 Z2;               Z 向退刀
N0210  X15;                      进刀至（25，2）点，准备第三次粗车圆锥面
N0220  G01 (   ) Z—20 F80;       第三次粗车圆锥面，至大头直径为 10 mm
N0230  G (   ) X20 Z—25. R5;     粗车 R5 圆弧，加工成圆弧面
N0240  G00 Z2;                   退刀
……
```

2. 如图 4—5 所示的零件，材料为 45 钢，毛坯尺寸为 ϕ45 mm×65 mm，试编写其数控车加工程序。

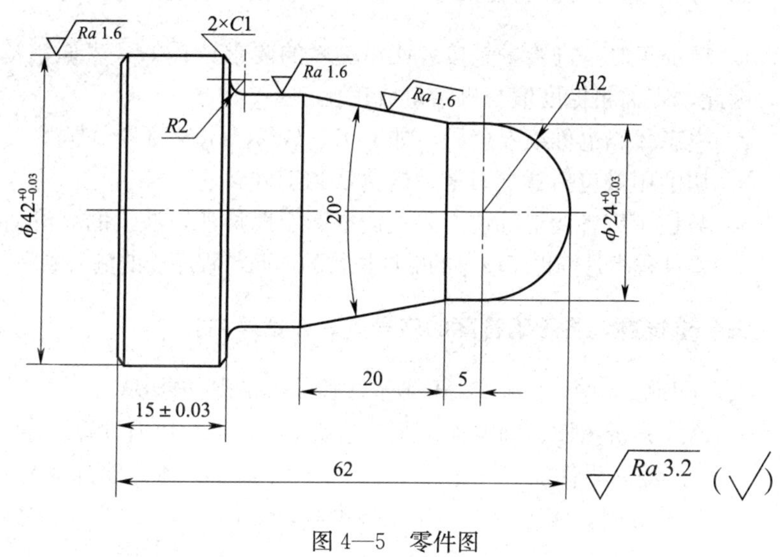

图 4—5　零件图

第三节　外圆粗车复合循环 G71/G70 的应用

一、填空题（将正确答案填写在横线上）

1. 切削用量三要素中影响切削力程度由大到小的顺序是：________、________、________。

2. 由于工件材料、切削条件不同，切削过程中常形成________、________、________和________4 种切屑。

3. 数控机床回参考点的操作除了用于建立________坐标系外，还可以用于消除________。

4. 在数控机床编程中，进给速度指令是以________字母开头的，主轴转速指令是以________字母开头的，刀具号是以________字母开头的。

二、判断题（正确的在括号内打“√”，错误的在括号内打“×”）

1. 精加工时，进给量是按表面粗糙度的要求选择的，表面粗糙度值小应选较小的进给量，因此，表面粗糙度值与进给量成正比。（　）

2. 模态代码也称续效代码，如 G01、G02、G03、G04 等。（　）

3. 切削用量包括背吃刀量、进给量和工件转速。（　）

4. 数控车床各润滑部位必须按润滑图定期加油，注入的润滑油必须清洁。（　）

5. 零件程序是按程序段号的顺序执行的，而与程序段的输入顺序、排列先后无关。（　）

三、选择题（将正确答案的序号填写在括号内）

1. 下列叙述中，（　）不属于数控编程的基本步骤。

A. 分析图样、确定加工工艺过程　　B. 数值计算

C. 编写零件加工程序单　　D. 确定机床坐标系

2. 车端面时，车刀装得高于工件中心，工作前角（　）刃磨前角。

A. 小于　　B. 等于　　C. 大于

3. 当数控机床的手动脉冲发生器的选择开关位置在×10 时，手轮的进给单位是（　）mm/格。

A. 0.01　　B. 0.001　　C. 0.1　　D. 1

4. 车削不可以加工（　）。

A. 螺纹　　B. 键槽　　C. 外圆柱面　　D. 端面

5. 在粗车外圆加工后，工件有残留毛坯表面，不可能的因素是（　）。

A. 加工余量不够　　B. 工件弯曲没有校正

C. 工件在卡盘上没有校正　　D. 刀具安装不正确

6. 数控机床（　）时，模式选择开关应放在 MDI。

A. 快速进给　　B. 手动数据输入　　C. 回零　　D. 手动进给

四、简答题

1. 数控加工工序顺序的安排原则是什么?

2. 刀具返回参考点的指令有哪些?各在什么情况下使用?

3. 简述数控车床刀具补偿的类型和意义。

五、编程题

采用 G90 或 G94 指令编写如图 4—6 所示零件的数控车加工程序，毛坯尺寸为 ϕ50 mm×50 mm，材料为铝。

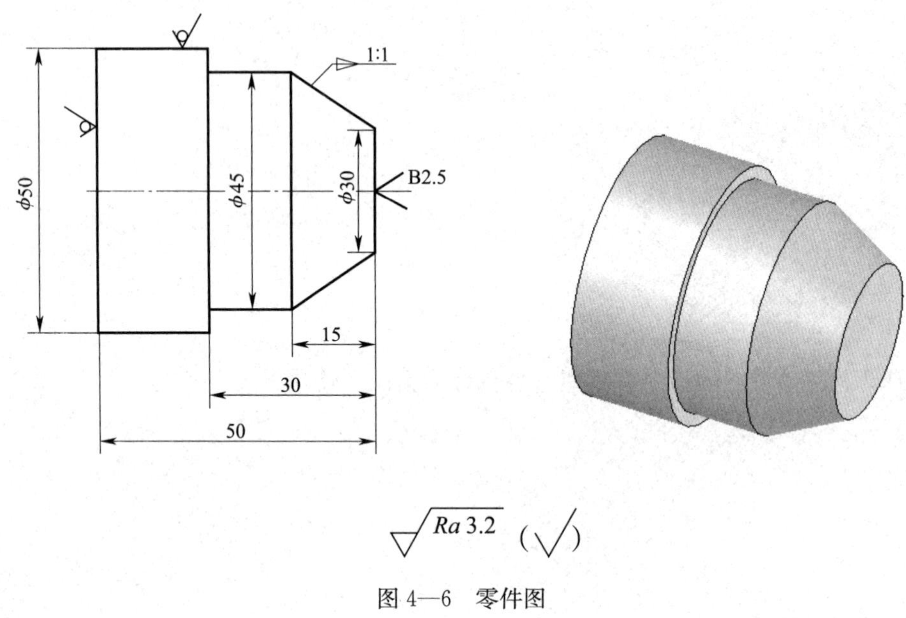

图 4—6　零件图

第四节 端面粗车复合循环 G72/G70 的应用

一、填空题（将正确答案填写在横线上）

1. 在数控车床加工盘类零件常用的夹具有____________________。

2. 具有使程序无条件停止运行，且能在重按“循环启动”键后，便可继续运行后续程序的 M 指令是____________________。

3. 在数控加工前，必须首先设置工件坐标系，编程时可以用____________________指令建立工件坐标系；也可以用____________________指令选择预先设置好的____________________。

4. 一个完整的程序是由____________________、____________________和________________三部分组成。

二、判断题（正确的在括号内打“√”，错误的在括号内打“×”）

1. 辅助功能 M02 和 M30 都表示主程序的结束，程序自动运行至此后，程序运行停止，系统自动复位一次。（　）

2. 车刀的基本角度有前角、后角、副后角、主偏角、副偏角和刃倾角。（　）

3. 粗车时，选择切削用量的顺序是：切削速度、进给量、背吃刀量。（　）

4. 编程时，如果起点与目标点只有一个坐标值变化时，此坐标值可省略。（　）

5. 在程序中，F 只能表示进给速度。（　）

三、选择题（将正确答案的序号填写在括号内）

1. 在车削加工过程中，能生成积屑瘤的条件是（　）。

A. 在中速或较低切削速度范围内，对一般钢料或其他塑性材料的加工

B. 在高速切削速度范围内，对一般钢料或其他塑性材料的加工

C. 在低速切削速度范围内，对脆性较大材料的加工

D. 在高速切削速度范围内，对脆性较大材料的加工

2. 数控编程中，用于表示程序停止并复位的指令是（　）。

A. M05　　B. M02　　C. M30　　D. M09

3. 数控机床的条件信息指示灯 ERROR 亮时，说明（　）。

A. 操作错误且未消除　　B. 主轴可以运转

C. 回参考点　　D. 按下急停按钮

4. M 代码控制机床各种（　）。

A. 运动状态　　B. 刀具变换

C. 辅助动作状态　　D. 固定循环

5. 在编制加工程序时，如果需要采用英制单位，准备功能 G01 后面跟着的相对应的进给地址是（　）。

A. C　　B. F

C. S　　　　　　　　　　　　　　　D. X

6. 数控车床 X 方向对刀时，车削外圆后只能沿（　　）方向退刀并停掉主轴后，测量外径尺寸。

A. X　　　　　　　　　　　　　　　B. Z

C. X、Z 都可以　　　　　　　　　　D. X、Z 都不可以

四、简答题

1. 画图表示车端面简单循环时的走刀路线（快进用字母 R 注明，工进用字母 F 注明）。

2. 什么是数控机床的定位精度和重复定位精度？

五、编程题

如图 4—7 所示的零件，材料为 45 钢，毛坯尺寸为 ϕ70 mm×55 mm，试采用 FANUC 系统 G72、G70 指令编写其数控车加工程序。

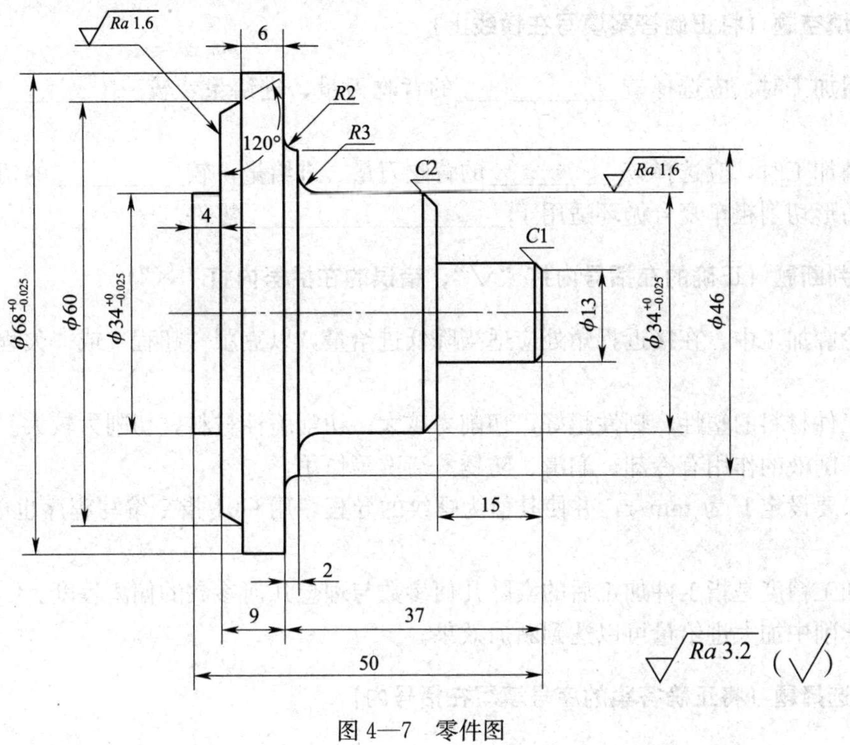

图 4—7　零件图

第五节　仿形切削粗车复合循环 G73/G70 的应用

一、填空题（将正确答案填写在横线上）

1. 粗加工时，应选择较____________的背吃刀量、进给量，较______________的切削速度。

2. 精加工时，应选择较__________的背吃刀量、进给量，较__________的切削速度。

3. 仿形切削粗车复合循环适用于____________________零件。

二、判断题（正确的在括号内打"√"，错误的在括号内打"×"）

1. 轮廓加工中，在接近拐角处应适当降低进给量，以克服"超程"或"欠程"现象。（　）

2. 工件材料的塑性、韧性越好，切削力越大。切削脆性材料，切削力较大。（　）

3. 切削液的作用有冷却、润滑、防锈、清洗等作用。（　）

4. 只要设定 F 为 mm/r，并使其值为螺纹的导程，用 G01 指令编写程序也能加工所要的螺纹。（　）

5. 加工精度是指工件加工后的实际几何参数与理想几何参数的偏离程度。（　）

6. 车削中加大进给量可以达到断屑效果。（　）

三、选择题（将正确答案的序号填写在括号内）

1. 刀具磨损补偿应输入到系统（　）中去。

A. 程序　B. 刀具坐标　C. 刀具参数　D. 坐标系

2. （　）表示主轴反转。

A. M04　B. M01　C. M03　D. M05

3. 选择刀具起刀点时应考虑（　）。

A. 防止与工件或夹具干涉碰撞

B. 方便工件安装与测量

C. 每把刀具刀尖在起始点重合

D. 必须选择工件外侧

4. 车削圆锥面时，若刀尖安装高于或低于工件的回转中心，则零件便会产生（　）误差。

A. 圆度　B. 双曲线　C. 尺寸精度　D. 表面粗糙度

5. 车床主轴轴线有轴向窜动时，对车削（　）精度影响较大。

A. 外圆表面　B. 丝杆螺距　C. 内孔表面　D. 端面

6. 数控机床的刀具指定开关的英文是（　）。

A. SPINDLE　OVERRIDE　B. TOOL SELECT

C. RAPID　TRAVERSE　D. HAND LEFEED

四、简答题

1. 确定加工路线应考虑哪些因素？

2. 说明固定形状粗车循环指令 G73 的格式及其参数的含义。

五、编程题

如图 4—8 所示的零件，材料为 45 钢，毛坯尺寸为 $\phi30$ mm×65 mm，试采用 FANUC 系统 G71、G73、G70 指令编写其数控车加工程序。

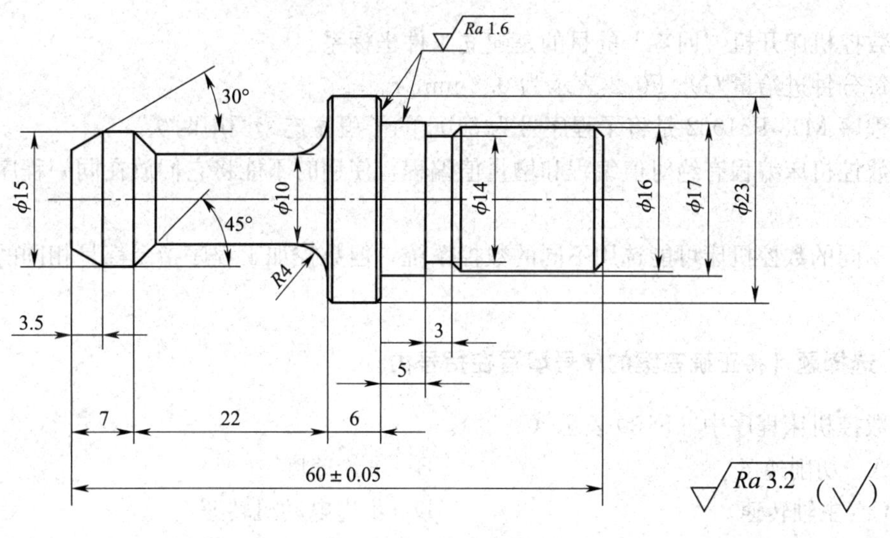

图 4—8　零件图

第五章　槽类零件加工

第一节　直 槽 加 工

一、填空题（将正确答案填写在横线上）

1. 车槽时在槽底延时用____________指令。

2. 在确定加工路线时，应沿零件轮廓的____________切入和切出。

3. 车槽中常产生振动现象，这往往是由于____________________过低，或者是由于____________与进给速度搭配不当造成的。

4. 安装车刀时，刀柄在刀架上伸出量过长，切削时容易产生____________。

二、判断题（正确的在括号内打“√”，错误的在括号内打“×”）

1. 数控机床开机“回零”的目的是建立工件坐标系。（　　）

2. 每分钟进给量 G95 F0.2 表示为 0.2 mm/r。（　　）

3. 程序 M98 P51002 是将子程序号为 5100 的子程序连续调用两次。（　　）

4. 数控机床编程有绝对值编程和增量值编程，使用时不能将它们放在同一程序段中。（　　）

5. 不同的数控机床可能选用不同的数控系统，但数控加工程序指令都是相同的。（　　）

三、选择题（将正确答案的序号填写在括号内）

1. 数控机床程序中，F100 表示（　　）。

A. 切削速度　　B. 进给速度

C. 主轴转速　　D. 步进电动机转速

2. 刀具刀位点相对于工件运动的轨迹称为加工路线，加工路线是编写程序的依据之一。下列叙述中（　　）不属于确定加工路线时应遵循的原则。

A. 加工路线应保证被加工零件的精度和表面粗糙度

B. 使数值计算简单，以减少编程工作量

C. 应使加工路线最短，这样既可以减少程序段，又可以减少空刀时间

D. 对于既有车面又有镗孔的零件，可先车面后镗孔

3. 数控系统中，（　　）指令在加工过程中是非模态的。

A. G90　　B. G55　　C. G04　　D. G02

4. 车床数控系统中，用（　　）指令进行恒线速控制。

A. G00　S_　　　　B. G96　S_

C. G01　F_　　　　D. G98　S_

5. 在 G41 或 G42 指令的程序段中不能用（　　）指令。

A. G00 或 G01　　　　B. G02 或 G03

C. G01 或 G02　　　　D. G01 或 G03

四、简答题

1. 如何消除槽加工中的振动现象？

2. 刀具返回参考点的指令有哪几种？分别适合在什么情况下使用？

五、编程题

如图 5—1 所示的零件，材料为 45 钢，毛坯尺寸为 ϕ45 mm×95 mm，试编写其数控车加工程序。

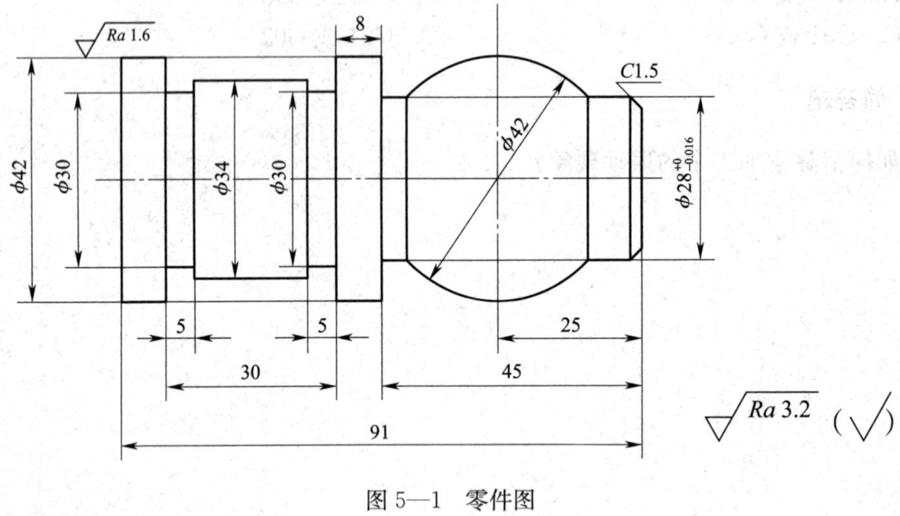

图 5—1　零件图

第二节　矩形槽加工

一、填空题（将正确答案填写在横线上）

1. 当采用绝对坐标编程时，工件上所有的点的编程坐标值都是基于________计量的。

2. 当用直线段或圆弧段近似非圆二维轮廓曲线时，离散点（节点）的数目主要取决于曲线的________及允许的________。

3. 数控加工误差是由多种因素造成的，因此，允许的编程误差很小，通常为零件公差的________。

4. 为了解决车槽刀头面积小，散热条件差，容易产生高温而降低刀片切削性能等问题，可以选择________较好的乳化液进行喷注，使刀具充分冷却。

5. 车槽刀通常有________个刀位点，编程时可根据基准标注情况进行选择。

二、判断题（正确的在括号内打“√”，错误的在括号内打“×”）

1. 子程序的编写方式必须是增量方式。（　）

2. 因为毛坯表面的重复定位精度差，所以粗基准一般只能使用一次。（　）

3. 点位控制系统不仅要控制从一点到另一点的准确定位，还要控制从一点到另一点的路径。（　）

4. 数控车床的特点是 Z 轴进给 1 mm，零件的直径减小 2 mm。（　）

5. 切断实心工件时，工件半径应小于切断刀刀头长度。（　）

三、选择题（将正确答案的序号填写在括号内）

1. 切削金属材料时，在切削速度较低，切削厚度较大，刀具前角较小的条件下，容易形成（　）。

A. 挤裂切屑　　B. 带状切屑　　C. 崩碎切屑　　D. C 状切屑

2. 数控系统在执行“N5 T0101；N10 G00 X50 Z60；”程序时，（　）。

A. 在 N5 行换刀，N10 行执行刀偏

B. 在 N5 行执行刀偏后再换刀

C. 在 N5 行换刀同时执行刀偏

D. 在 N5 行换刀后再执行刀偏

3. 车床数控系统中，以下（　）指令是正确的。

A. G00　S _ ；　　B. G41　X _ Z _ ；

C. G40　G00 Z _ ；　　D. G42　G00 X _ Z _ ；

4. 切断刀主切削刃太宽，切削时容易产生（　）。

A. 弯曲　　B. 扭转　　C. 刀痕　　D. 振动

5. 程序编制中首件试切的作用是（　）。

A. 检验零件图样的正确性

B. 检验零件工艺方案的正确性

C. 检验程序单或控制介质的正确性，并检查是否满足加工精度要求

D. 仅检验数控穿孔带的正确性

6. 数控系统中，G96 指令用于指定（　　）。

A. F 值为 mm/min　　B. F 值为 mm/r

C. S 值为恒线速度　　D. S 值为主轴转速

四、简答题

1. 切削深槽零件宜采用什么样的进刀方式?

2. 简述刀具补偿在数控加工中的作用。

五、编程题

1. 如图 5—2 所示的零件，材料为 45 钢，毛坯尺寸为 ϕ45 mm×70 mm，试编写其数控车加工程序。

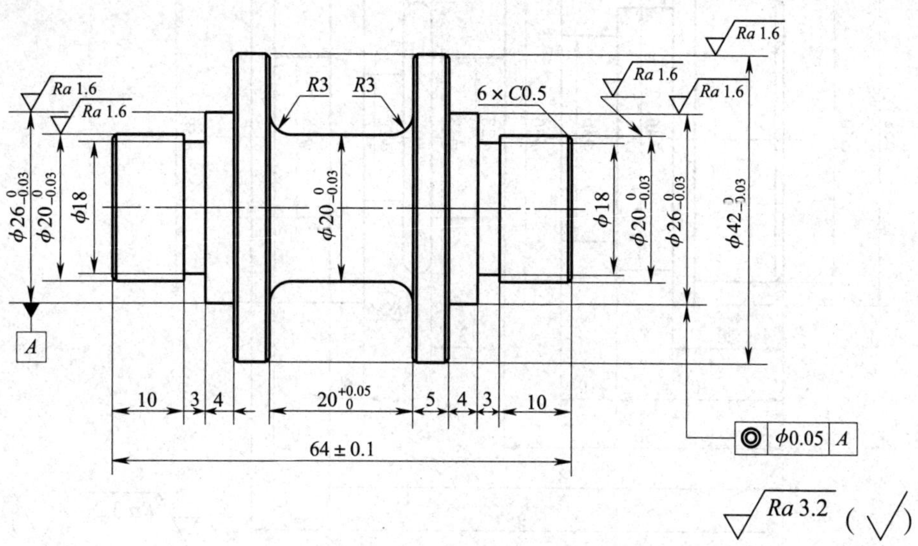

图 5—2　零件图

2. 如图 5—3 所示的零件，材料为 45 钢，毛坯尺寸为 ϕ60 mm×100 mm，试编写其数控车加工程序。

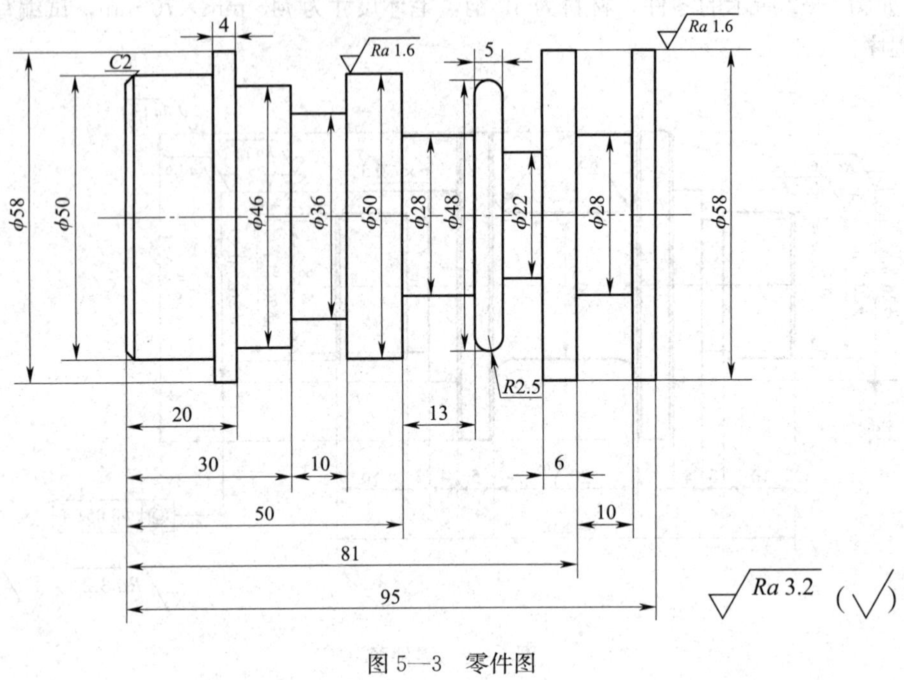

图 5—3 零件图

第三节　异形槽加工

一、填空题（将正确答案填写在横线上）

1. 编程时的数值计算，主要是计算零件的__________和__________的坐标，或刀具中心轨迹的__________和__________的坐标。直线段和圆弧段的交点和切点是__________，逼近直线段或圆弧段轮廓曲线的交点和切点是__________。

2. 程序的校验用于检查程序的__________和__________，但不能检查__________。

3. 数控机床中的标准坐标系采用__________，并规定__________刀具与工件之间距离的方向为坐标正方向。

4. 车较深槽的关键技术是解决__________和排屑问题。

5. 车槽刀相当于一把__________刀具，其切削刃宽度等于__________。

二、判断题（正确的在括号内打“√”，错误的在括号内打“×”）

1. 刀尖圆弧半径补偿功能包括刀补的建立、刀补的执行和刀补的取消三个阶段。（　　）

2. 不考虑车刀刀尖补偿，车出的圆弧是有误差的。（　　）

3. 工件定位时，被消除的自由度少于六个，但完全能满足加工要求的定位称为不完全定位。（　　）

4. 上偏差为零、下偏差为负值的配合称为基轴制配合。（　　）

5. G40 是数控编程中的刀具左补偿指令。（　　）

三、选择题（将正确答案的序号填写在括号内）

1. 在装夹工件前，空运行一次程序是为了检查（　　）。

A. 程序　　B. 刀具、夹具选取与安装的合理性

C. 工件坐标系　　D. 机床的加工范围

2. 数控机床常见的机械故障表现为（　　）。

A. 传动噪声大　　B. 加工精度差

C. 运行阻力大　　D. 刀具选择错

3. 常见的因机械安装、调试及操作使用不当等原因引起的故障有（　　）。

A. 联轴器松动　　B. 机械传动故障

C. 导轨运动摩擦过大　　D. 撞刀

4. 车削加工时的切削力可以分解为主切削力 F_z、切深抗力 F_y 和进给抗力 F_x，其中消耗功率最大的力是（　　）。

A. 进给抗力 F_x　　B. 切深抗力 F_y

C. 主切削力 F_z　　D. 不确定

5. 数控编程时，应首先设定（　　）。

A. 机床原点　　　　　　　　　　B. 固定参考点

C. 机床坐标系　　　　　　　　　D. 工件坐标系

6. 执行下列程序后，累计暂停进给时间是（　　）s。

N1 G91 G00 X120.0 Y80.0；

N2 G43 Z－32.0 H01；

N3 G01 Z－21.0 F120；

N4 G04 P1000；

N5 G00 Z21.0；

N6 X30.0 Y－50.0；

N7 G01 Z－41.0 F120；

N8 G04 X2.0；

N9 G49 G00 Z55.0；

N10 M02；

A. 3　　　　B. 2　　　　C. 1.001　　　　D. 1.002

四、简答题

1. 数控加工中，切削加工工序通常按什么原则安排顺序？

2. 简述提高槽底加工精度的措施。

五、编程题

1. 如图 5—4 所示的零件，材料为 45 钢，毛坯尺寸为 ϕ45 mm×60 mm，试编写其数控车加工程序。

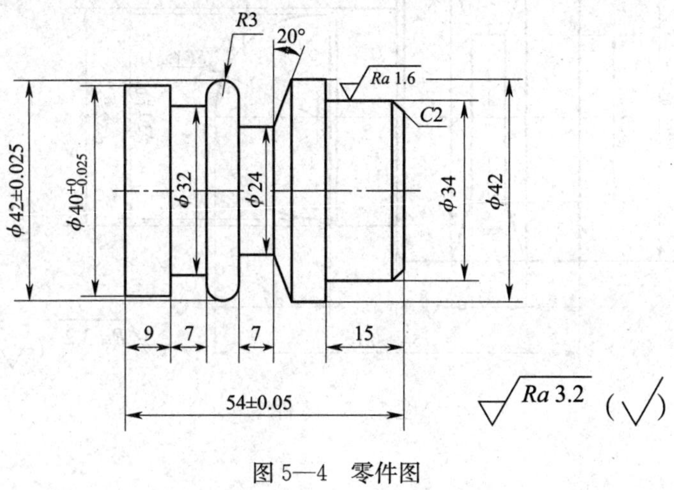

图 5—4　零件图

2. 如图 5—5 所示的零件，材料为 45 钢，毛坯尺寸为 ϕ45 mm×60 mm，试编写其数控车加工程序。

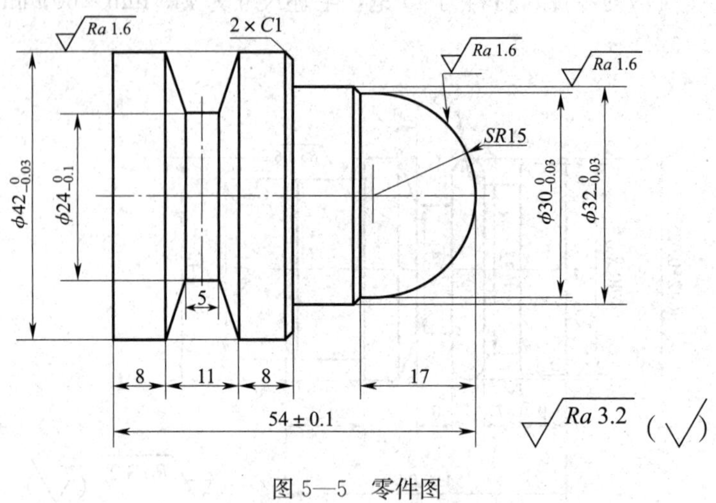

图 5—5　零件图

第六章　螺 纹 加 工

第一节　等距螺纹的加工

一、填空题（将正确答案填写在横线上）

1. 螺纹加工中，车刀在第二次进刀时，刀尖____________________前一次进刀车出的螺旋槽而把螺纹车乱，称为乱扣。

2. 工件在装夹过程中产生的误差称为装夹误差、____________________误差及____________________误差。

3. 数控车床能进行螺纹加工，其主轴上一定安装了____________________。

4. 螺纹车刀的几何形状与角度要考虑____________________的影响。

二、判断题（正确的在括号内打"√"，错误的在括号内打"×"）

1. 数控车床加工螺纹时，为了提高螺纹表面质量，最后精加工时应提高主轴转速。（　）

2. 螺纹精加工过程中需要进行刀尖圆弧补偿。（　）

3. 利用 G33 指令既可以加工英制螺纹，又可以加工公制螺纹。（　）

4. 判断刀具磨损，可借助观察加工表面的粗糙度及切屑的形状、颜色而定。（　）

5. 数控车床程序中所使用的进给量（F 值）在车削螺纹时是指导程。（　）

6. 指令"G32 X41.0 W－43.0 F1.5"是以每分钟 1.5 mm 的速度加工螺纹。（　）

三、选择题（将正确答案的序号填写在括号内）

1. 螺纹加工时，为了减小切削阻力，提高切削能力，刀具前角往往较大（10°），此时，如用焊接螺纹刀，磨制出 60°刀尖角，精车出的螺纹牙型角（　）。

A. 大于 60°　　B. 小于 60°

C. 等于 60°　　D. 都可能

2. 牙型角为 60°的螺纹是（　）。

A. G1/2　　B. Tr40×5

C. NPT1/2　　D. R1/2

3. 用数控车床进行螺纹加工时，需要在主轴上安装（　）。

A. 测速发电机　　B. 脉冲编码器

C. 电流传感器　　D. 电压反馈装置

四、简答题

1. 为什么车螺纹要设置升速段和降速段？

2. 常见螺纹加工的进刀方式、切深的分配方式是什么？

五、编程题

1. 如图 6—1 所示的零件，毛坯尺寸为 ϕ40 mm× 80 mm。试分析其加工工艺，写出刀具清单、工艺路线，并编写加工程序。

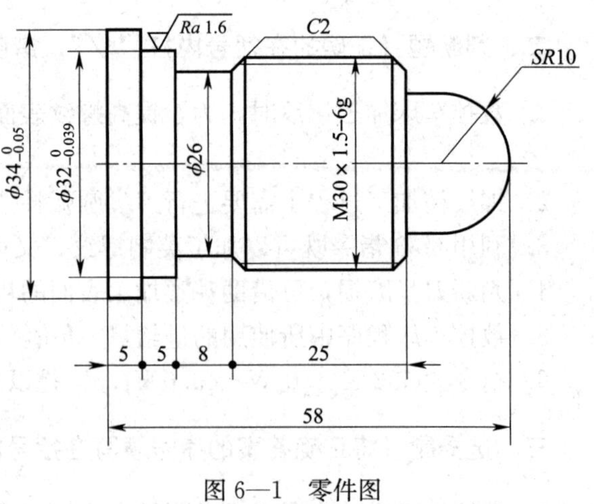

图 6—1　零件图

2. 如图 6—2 所示的零件，材料为 45 钢，毛坯尺寸为 ϕ45 mm×60 mm（2 件）。试分析其加工工艺，写出刀具清单、工艺路线，并编写加工程序。

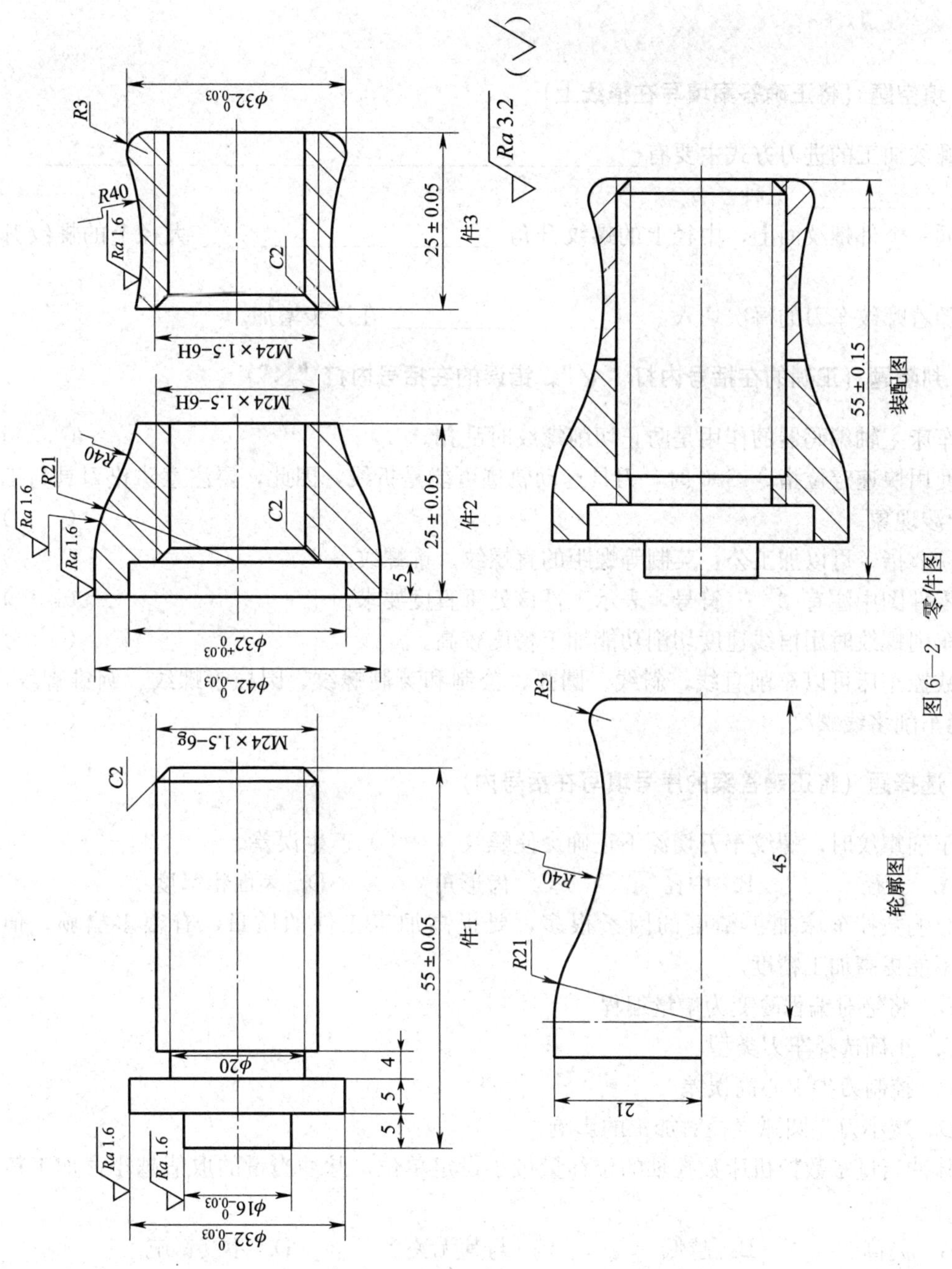

图 6—2 零件图

第二节　多线螺纹的加工

一、填空题（将正确答案填写在横线上）

1. 螺纹加工的进刀方式主要有______________、______________、______________三种。

2. 同一个外螺纹面上，中径上的螺纹升角______________大径上的螺纹升角。

3. 随着螺纹车刀的每次切入，______________在逐步增加。

二、判断题（正确的在括号内打“√”，错误的在括号内打“×”）

1. 车床主轴编码器的作用是防止切削螺纹时乱扣。（　）

2. 使用快速定位指令 G00 时，刀具运动轨迹可能是折线，因此，要注意防止刀具与工件出现干涉现象。（　）

3. G33 指令可以加工公、英制等螺距的直螺纹、锥螺纹。（　）

4. 零件图中注有“⊥”符号，表示工件该处垂直度要求。（　）

5. 车削螺纹时用恒线速度切削功能加工精度较高。（　）

6. 数控车床可以车削直线、斜线、圆弧、公制和英制螺纹、圆柱管螺纹、圆锥螺纹，但是不能车削多线螺纹。（　）

三、选择题（将正确答案的序号填写在括号内）

1. 车削螺纹时，螺纹车刀切深不正确会使螺纹（　）产生误差。

A. 大径　B. 中径　C. 齿形角　D. 表面粗糙度

2. 影响数控车床加工精度的因素很多，要提高加工工件的质量，有很多措施，但（　）不能提高加工精度。

A. 将绝对编程改变为增量编程

B. 正确选择车刀类型

C. 控制刀尖中心高误差

D. 减小刀尖圆弧半径对加工的影响

3. 脉冲当量是数控机床数控轴的位移量最小设定单位，脉冲当量的取值越小，加工精度（　）。

A. 越高　B. 越低　C. 与其无关　D. 不受影响

4. 一般而言，为了有效地降低切削振动，应增大工艺系统的（　）。

A. 刚度　B. 强度　C. 精度　D. 硬度

5. 能进行螺纹加工的数控机床，一定安装了（　）。

A. 测速发电机　B. 主轴脉冲编码器

C. 温度控制器　D. 旋转变压器

四、简答题

1. 车螺纹时为什么要设置空刀导入量和空刀退出量？

2. 画出 G92 指令在切削直螺纹的轨迹简图，并说明其切削特点。

五、编程题

如图 6—3 所示的零件，要求运用 G32 指令编写其螺纹加工程序。

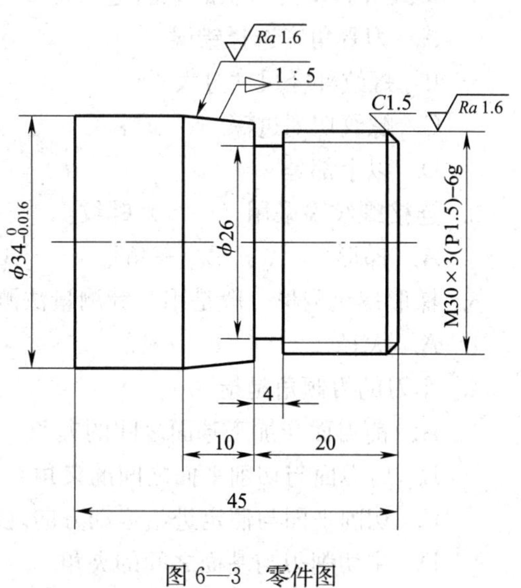

图 6—3 零件图

第三节 梯形螺纹的加工

一、填空题（将正确答案填写在横线上）

1. 梯形螺纹精车刀的纵向前角应取____________________。

2. 螺纹车削必须通过主轴的____________________实现，需要有主轴脉冲发生器（编码器）。

3. 高速车螺纹进刀时，应采用____________________法。

4. 螺纹切削刀具经常是由____________________的切削刃同时参与切削。

5. 装夹梯形螺纹零件应保证零件的____________________。

二、判断题（正确的在括号内打“√”，错误的在括号内打“×”）

1. 普通螺纹分粗牙普通螺纹和细牙普通螺纹两种。（ ）

2. 无论什么样的数控机床，在编写零件的加工程序时，必须指定它的主轴转速，否则执行程序时数控系统一定报警。（ ）

3. 车刀前角越大，切屑越不容易流出，切削力越大，刀具的强度越高。（ ）

4. 在进行螺纹加工编程时，应注意考虑螺纹的引入距离和引出距离，以保证准确的螺纹螺距。（ ）

5. 螺杆的螺距为 3 mm，线数为 2，当螺杆旋转一周，螺母相应移动 6 mm。（ ）

三、选择题（将正确答案的序号填写在括号内）

1. 螺纹牙顶呈刀口状的原因是（ ）。
   A. 刀具角度选择错误
   B. 螺纹外径尺寸过大
   C. 螺纹切削过深
   D. 以上都是

2. 连接螺纹多采用（ ）螺纹。
   A. 梯形 B. 三角形 C. 锯齿形 D. 方形

3. 梯形螺纹测量一般是用三针测量法测量螺纹的（ ）。
   A. 大径 B. 小径 C. 底径 D. 中径

4. 车刀的刃倾角是指（ ）。
   A. 前刀面与加工基面之间的夹角
   B. 后刀面与切削平面之间的夹角
   C. 切削平面与假定进给运动方向之间的夹角
   D. 主切削刃与基面之间的夹角

5. （ ）为等螺距切削复合循环指令。
   A. G73 B. G74 C. G75 D. G76

四、简答题

如何消除螺纹加工中的振动现象？

五、编程题

1. 如图 6—4 所示为梯形螺纹加工实例，试编写其数控车加工程序并进行加工。

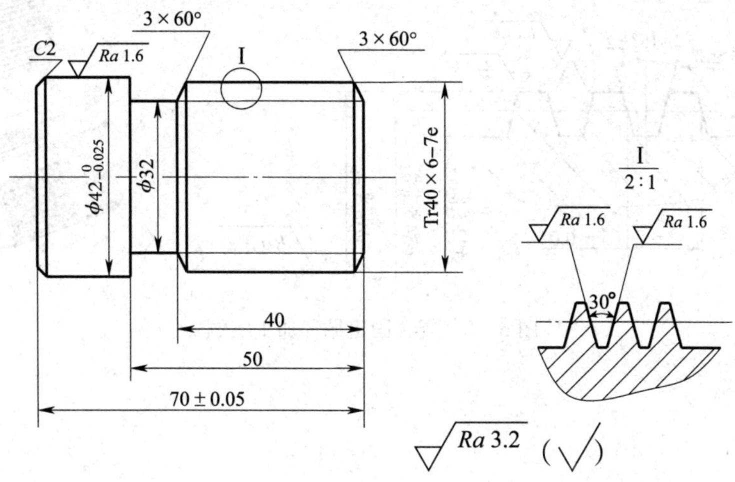

图 6—4　梯形螺纹加工实例

2. 如图 6—5 所示为复合固定循环加工实例，材料为 45 钢，毛坯尺寸为 ϕ50 mm×82 mm，试编写其数控车加工程序并进行加工。

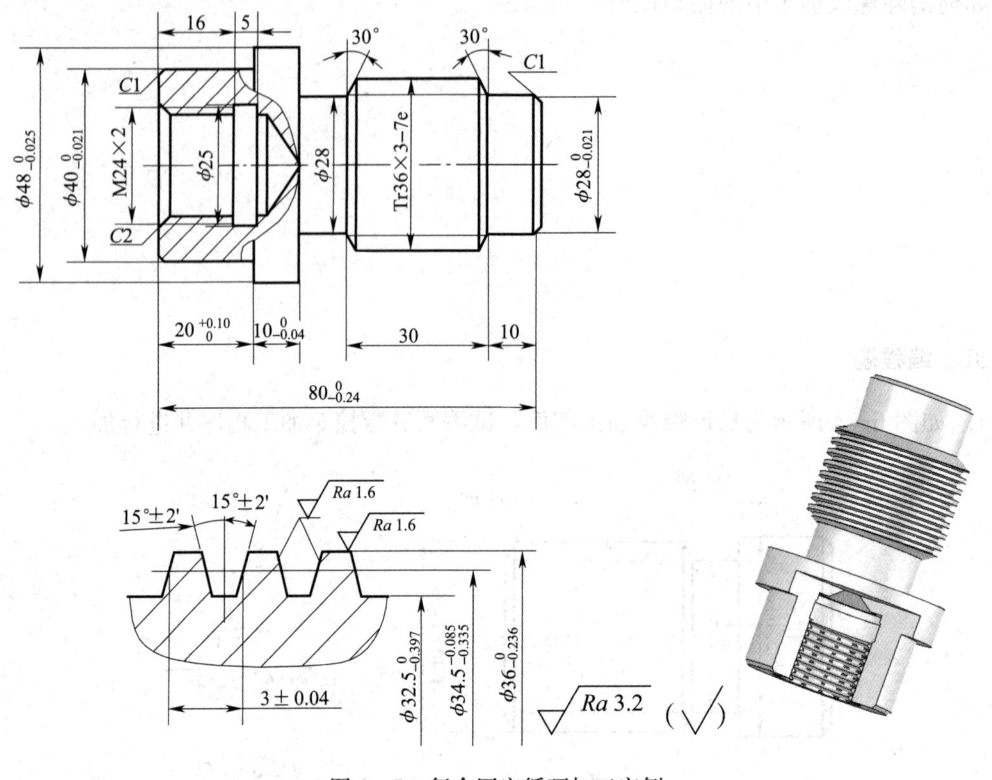

图 6—5　复合固定循环加工实例

第七章　内轮廓加工

第一节　镗孔及内三角螺纹加工

一、填空题（将正确答案填写在横线上）

1. 孔加工中，为了保证加工质量，关键问题是要解决孔加工中的____________和____________。

2. 深孔钻按结构形式常分为____________、____________、____________三种。

3. 镗刀根据结构特点及使用方式可分为____________、____________、____________三类。

4. 数控车床上加工孔，无论是钻孔还是镗孔，都可以采用____________指令来直接实现。

二、判断题（正确的在括号内打“√”，错误的在括号内打“×”）

1. 内孔车刀宜选用直径较粗的刀杆。（　　）

2. 精车削应选用刀尖半径较大的车刀片。（　　）

3. 车削外圆柱面和车削套类工件时，它们的切削深度和进给量通常是相同的。（　　）

4. 精加工时车刀后角可以比粗加工时车刀后角大一些。（　　）

5. 粗加工时，限制进给量提高的主要因素是切削力；精加工时，限制进给量提高的主要因素是表面粗糙度值。（　　）

三、选择题（将正确答案的序号填写在括号内）

1. 数控车床上加工内孔时，应采用（　　）。

A. 斜线退刀方式　　B. 径向—轴向退刀方式

C. 轴向—径向退刀方式　　D. 各种方法都可以

2. 数控车削加工内孔的深度受到（　　）两个因素的限制。

A. 车床床身长度和导轨长度

B. 车床床身长度和内孔刀（镗刀）安装距离

C. 车床的有效长度和内孔刀（镗刀）的有效长度

D. 车床床身长度和内孔刀（镗刀）长度

3. 进给率的单位有（　　）两种。

A. mm/min，mm/r　　B. mm/h，m/r

C. m/min，mm/min　　　　D. mm/min，m/r

4. 麻花钻有 2 条主切削刃、2 条副切削刃和（　　）横刃。

A. 2 条　　B. 1 条　　C. 3 条　　D. 没有

5. 钻孔前使用的中心钻，其钻削深度为（　　）。

A. 1 mm　　　　B. 5 mm

C. 8 mm　　　　D. 依所钻孔直径及中心钻直径而定

四、简答题

1. 简述车削内孔的减振措施。

2. 孔径一般可通过哪些方法测量？

五、编程题

1. 如图 7—1 所示的零件，外圆表面已加工完成，内孔已钻出 ϕ20 mm 的预孔，试编写其数控车加工程序。

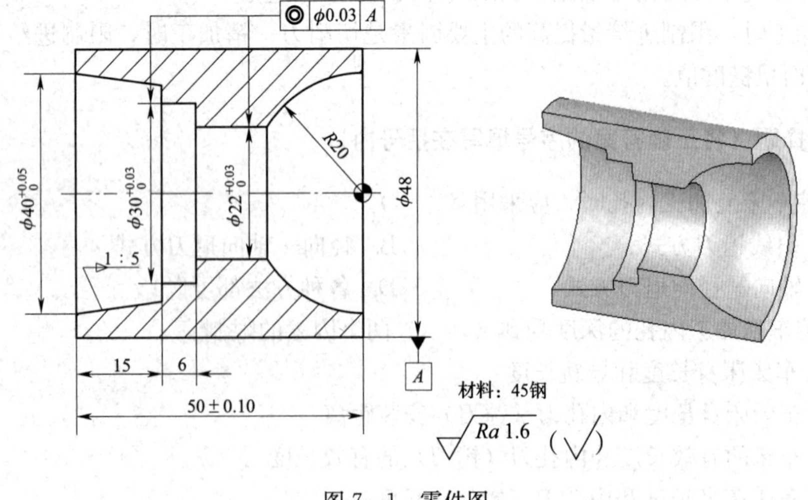

图 7—1　零件图

2. 如图 7—2 所示的零件，材料为 45 钢，毛坯尺寸为 ϕ45 mm×65 mm，试编写其数控车加工程序。

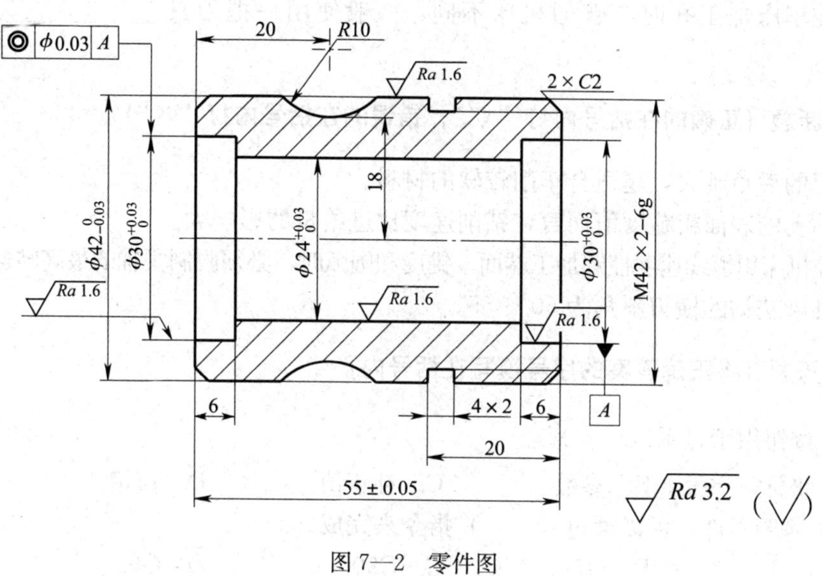

图 7—2　零件图

第二节　内沟槽车削加工

一、填空题（将正确答案填写在横线上）

1. 对于较深的孔，最好采用深孔钻削循环指令____________来进行加工。

2. 对于薄壁套筒类零件，为了保证其加工精度，在装夹时，一般用特制的____________及____________安装。

3. 孔加工时，为了保证加工精度，一般精车余量控制在____________以下。

4. 数控车床加工孔时与普通机床不同，一般使用一把刀具____________加工整个内径。

二、判断题（正确的在括号内打"√"，错误的在括号内打"×"）

1. 车刀的后角越大，越适合车削较软的材料。（　　）
2. 就钻孔的表面粗糙度值而言，钻削速度比进给量的影响大。（　　）
3. 数控机床用恒线速度控制加工端面、锥度和圆弧时，必须限制主轴的最高转速。（　　）
4. 标准麻花钻的横刃斜角为50°～55°。（　　）

三、选择题（将正确答案的序号填写在括号内）

1. MENU OFSET 按钮用于显示（　　）。

   A. 坐标　　B. 参数　　C. 补正值　　D. 侦错

2. 加工薄壁零件，可以通过（　　）指令来完成。

   A. G01　　B. G74　　C. G90　　D. G92

3. 在FANUC系统中，精加工锥孔所使用的指令是（　　）。

   A. G71　　B. G90　　C. G72　　D. G70

4. 在设计薄壁工件夹具时，夹紧力方向应沿（　　）夹紧。

   A. 径向　　B. 轴向　　C. 径向和轴向　　D. 垂直断面

四、简答题

1. 常用的孔加工刀具有哪些？

2. 加工薄壁零件的关键要点是什么？

五、编程题

1. 如图 7—3 所示的零件，材料为 45 钢，毛坯尺寸为 ϕ60 mm×60 mm，试编写其数控车加工程序。

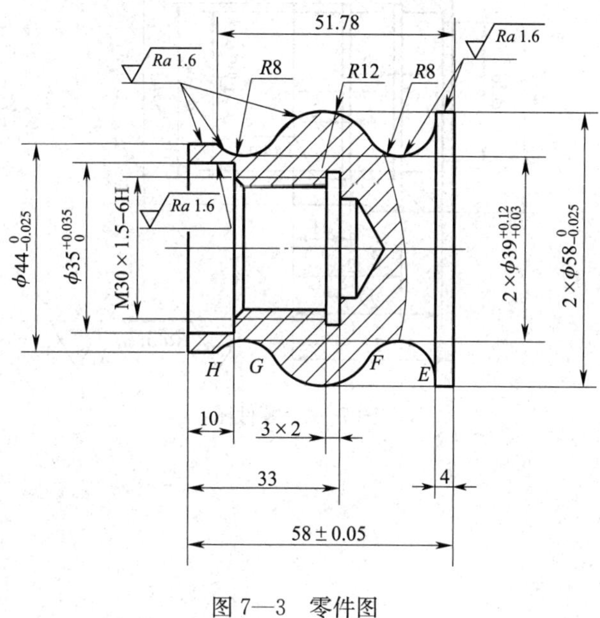

图 7—3　零件图

2. 如图 7—4 所示的零件，材料为 45 钢，毛坯尺寸为 ϕ50 mm×35 mm，试编写其数控车加工程序。

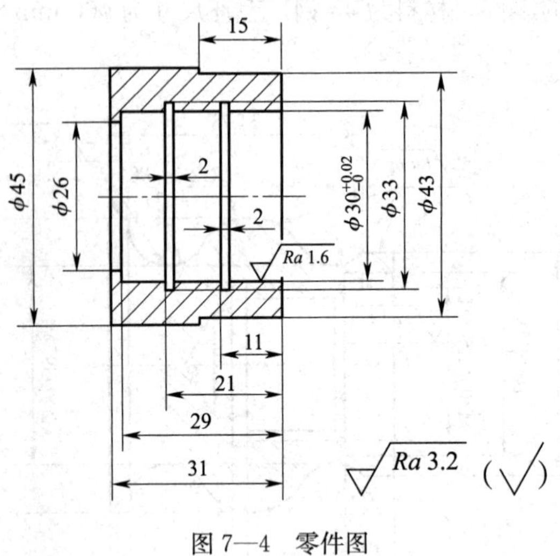

图 7—4 零件图

第三节　复杂套类零件的加工

一、填空题（将正确答案填写在横线上）

1. 因为毛坯表面的____________，所以粗基准一般只能使用一次。
2. 铰孔时对孔的____________ 精度的纠正能力较差。
3. 安装车刀时，刀柄在刀架上伸出量过长，切削时容易产生____________ 。

二、判断题（正确的在括号内打"√"，错误的在括号内打"×"）

1. 固定循环是预先给定一系列操作，用来控制机床的位移或主轴运转。（　　）
2. 固定形状粗车循环方式适用于加工已基本铸造或锻造成形的工件。（　　）
3. 刀具补偿功能包括刀补的建立和刀补的执行两个阶段。（　　）
4. 刀具前角越大，切屑越不易流出，切削力越大，刀具的强度越高。（　　）
5. 数控车床的刀具功能字 T 既指定了刀具数，又指定了刀具号。（　　）

三、选择题（将正确答案的序号填写在括号内）

1. 车刀的主偏角为（　　）时，其刀尖强度和散热性能最好。

A. 45°　　B. 75°　　C. 90°　　D. 30°

2. 精加工中，为防止刀具上积屑瘤的形成，从切削用量的选择上应（　　）。

A. 加大切削深度

B. 加大进给量

C. 尽量使用很低或很高的切削速度

3. 数控车床在加工中为了实现对车刀刀尖磨损量的补偿，可沿假设的刀尖方向，在刀尖半径值上附加一个刀具偏移量，这称为（　　）。

A. 刀具位置补偿　　B. 刀具半径补偿　　C. 刀具长度补偿

4. 对于一些薄壁零件、大型薄板零件、成形面零件或非磁性材料的薄片零件等，使用一般夹紧装置难以控制变形量，为保证加工要求，常采用（　　）夹紧装置。

A. 液压　　B. 气液增压　　C. 真空

5. 编写数控机床加工工序时，为了提高加工精度，采用（　　）。

A. 精密专用夹具　　B. 一次装夹多工序集中

C. 流水线作业法　　D. 工序分散加工法

四、简答题

1. 保证套类工件的同轴度、垂直度的方法有哪些？

2. 影响孔加工质量的因素有哪些？如何预防和消除？

五、编程题

1. 如图 7—5 所示的零件，材料为 45 钢，毛坯尺寸为 ϕ80 mm×65 mm，试编写其数控车加工程序。

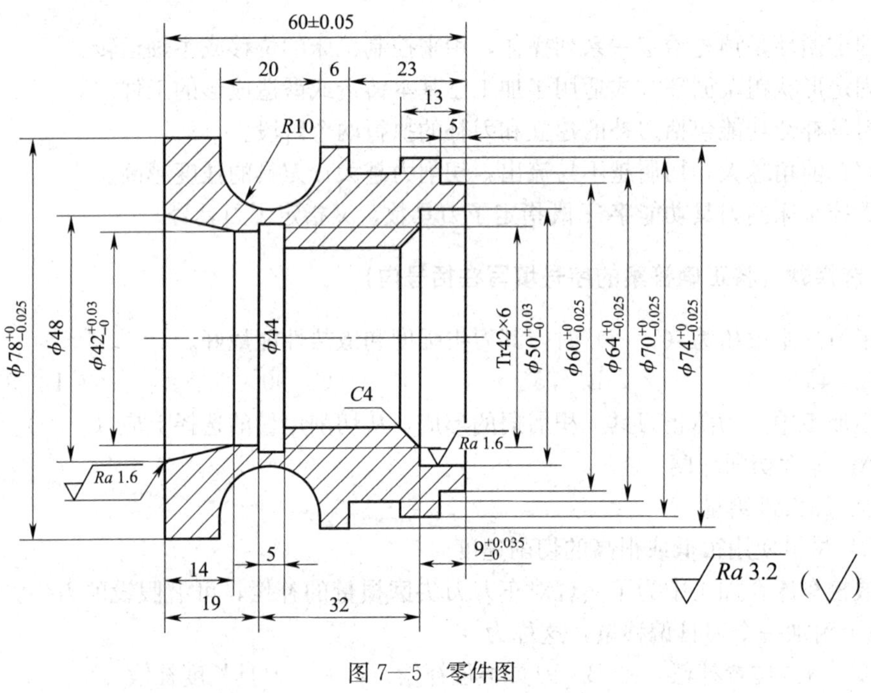

图 7—5　零件图

2. 如图 7—6 所示的零件，材料为 45 钢，毛坯尺寸为 ϕ45 mm×65 mm（两件），试编写其数控车加工程序。

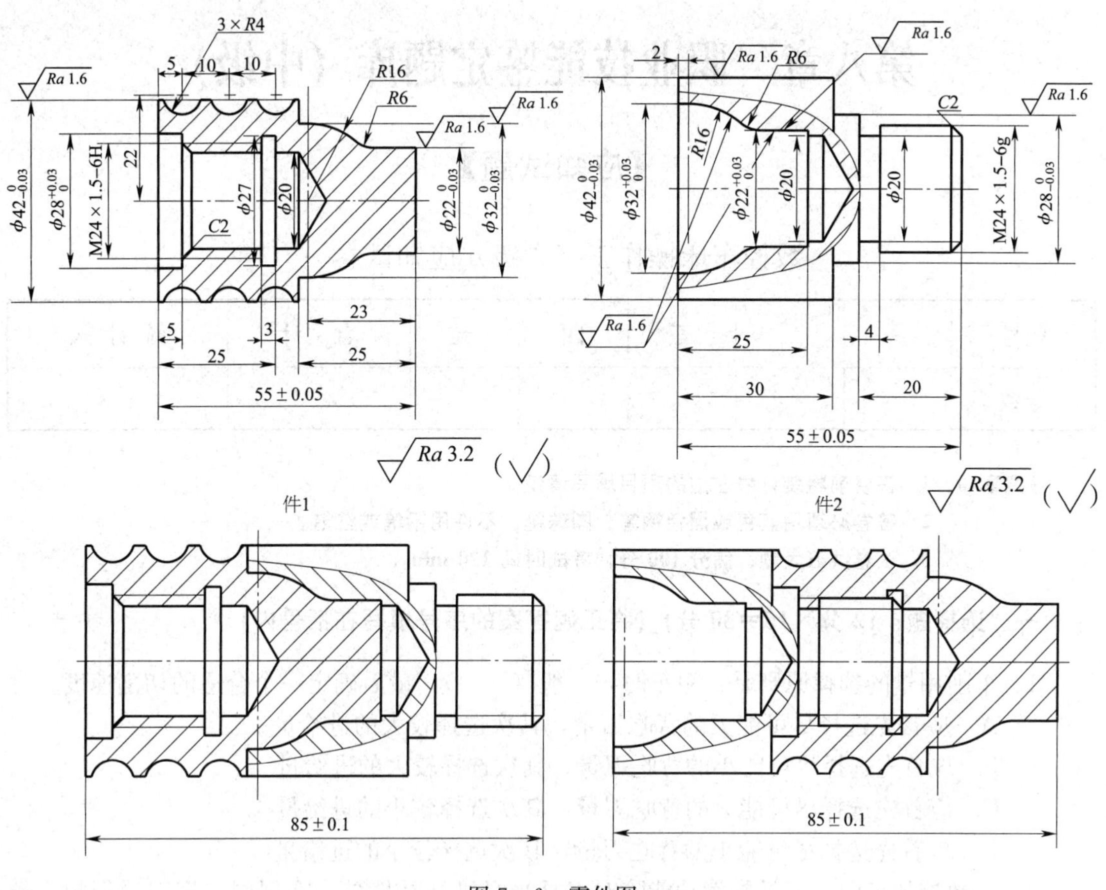

图 7—6　零件图

第八章　职业技能鉴定题库（中级）

【应知试题】

数控车床操作工（中级）应知试卷一

题号	一	二	三	四	五	合 计	统 计 人
分数							

注意事项：1. 答卷前将装订线左边的项目填写清楚。

2. 答卷必须用蓝色或黑色钢笔、圆珠笔，不许用铅笔或红笔。

3. 试卷共五大题，满分 100 分，考试时间 120 min。

一、选择题：（2 分×15＝30 分）（将正确答案的序号填写在括号内）

1. 车削用量的选择原则是：粗车时，一般（　　），最后确定一个合适的切削速度。

A. 应首先选择尽可能大的背吃刀量，其次选择较大的进给量

B. 应首先选择尽可能小的背吃刀量，其次选择较大的进给量

C. 应首先选择尽可能大的背吃刀量，其次选择较小的进给量

D. 应首先选择尽可能小的背吃刀量，其次选择较小的进给量

2. 在数控加工中，刀具补偿功能除对刀具半径进行补偿外，在用同一把刀进行粗、精加工时，还可进行加工余量的补偿，设刀具半径为 r，精加工时半径方向余量为 Δ，则最后一次粗加工走刀的半径补偿量为（　　）。

A. r　　B. Δ　　C. $r+\Delta$　　D. $2r+\Delta$

3. 车内、外圆时，机床（　　）超差，对工件素线的直线度影响较大。

A. 床身导轨的平行度

B. 溜板移动在水平面内的直线度

C. 床身导轨在垂直平面内的直线度

D. 以上说法都不对

4. 断续切削时刃倾角应取（　　）。

A. 正值　　B. 负值　　C. 零度　　D. 任意

5. 目前数控系统中都有子程序功能，并且子程序（　　）嵌套。

A. 只能有一层　　B. 可以有限层　　C. 可以无限层　　D. 不能

6. 下列关于合理标注机械零件图尺寸的原则说法错误的是（　　）。

A. 主要尺寸应直接标注

B. 相关尺寸的基准和注法应一致

C. 避免尺寸链封闭

D. 加工基准与非加工基准面间可用两个尺寸相联系

7. 滚珠丝杠预紧的目的是（　　）。

A. 增加阻尼比，提高抗振性　　B. 提高运动平稳性

C. 消除轴向间隙和提高传动刚度　　D. 加大摩擦力，使系统能自锁

8. 下列指令中不具有模态功能代码的为（　　）。

A. G00　　B. G01　　C. G02　　D. G04

9. 按数控系统的控制方式分类，数控机床分为：开环控制数控机床、（　　）、闭环控制数控机床。

A. 点位控制数控机床　　B. 点位直线控制数控机床

C. 半闭环控制数控机床　　D. 轮廓控制数控机床

10. 职业道德的实质内容是（　　）。

A. 改善个人生活　　B. 增加社会的财富

C. 树立全新的社会主义劳动态度　　D. 增强竞争意识

11. 调质处理就是（　　）的热处理。

A. 淬火＋低温回火　　B. 淬火＋中温回火

C. 淬火＋高温回火　　D. 正火＋低温回火

12. 蜗杆传动的承载能力（　　）。

A. 较低　　B. 较高　　C. 与传动形式无关　　D. 上述结果均不正确

13. 不属于时间定额的时间因素是（　　）。

A. 基本时间　　B. 辅助时间　　C. 准备结束时间　　D. 休息时间

14. 微量切削的精加工刀具，刃倾角可取（　　）。

A. $-5°\sim0°$　　B. $0°\sim5°$

C. $45°\sim75°$　　D. 以上都不对

15. 在车削细长轴类零件时，为减小径向力 F_y 的作用，主偏角 κ_r 采用（　　）为宜。

A. 小于 30°　　B. 30°～45°　　C. 60°～75°　　D. 90°

二、判断题：（1 分×10＝10 分）（正确的在括号内打“√”，错误的在括号内打“×”）

1. 正火是将钢件加热到临界温度以上 30～50℃，保温一段时间，然后再缓慢地冷却下来。（　　）

2. 所谓前刀面磨损就是形成月牙洼的磨损，一般是在切削速度较高、切削厚度较大的情况下，加工塑性金属材料时引起的。（　　）

3. 尺寸链封闭环的基本尺寸是其他各组成环基本尺寸的代数差。（　　）

4. W18Cr4V 属于钨系高速钢，其磨削性能不好。（　　）

5. 可转位刀具型号的第三位表示刀片允许偏差等级，共 12 级。（　　）

6. 模数蜗杆的齿形角为 40°，径节蜗杆的齿形角为 29°。（　　）

7. 由于定位基准与工序基准不重合而造成的定位误差，称为基准不重合误差。（　　）

8. 铸件壁厚相差越大，毛坯内部产生的内应力也越大，应当采用人工时效的方法来加以消除，然后再进行切削加工。（　　）

9. 精密的齿轮加工机床的分度蜗轮副，是按 0 级的最高精度等级制造。 ( )

10. 采用圆锥面过盈连接，可以利用高压冷装配，使包容件内径胀大，被包容件外径缩小。 ( )

三、填空题：(1 分×10=10 分)(将正确答案填写在横线上)

1. 常用作车刀材料的硬质合金有____________和____________两类。

2. 切削力的轴向分力是校核机床________________________的主要依据。

3. 从零件图开始，到获得数控机床所需控制介质的全过程称为程序编制，程序编制的方法有________和____________两种。

4. 数控机床实现插补运算较为成熟并得到广泛应用的是____________插补和____________插补。

5. 要使车床能保持正常的运转和减少磨损，必须对车床的所有____________部分进行____________。

四、简答题：(5 分×4=20 分)

1. 数控加工编程的主要内容有哪些？

2. 数控加工工艺分析的目的是什么？包括哪些内容？

3. 何为对刀点？对刀点的选取对编程有何影响？

4. 何为机床坐标系和工件坐标系？其主要区别是什么？

五、分析编程题：(15 分×2=30 分)

1. 在数控车床上精加工如图 8—1 所示零件的外轮廓（含端面），请编写加工程序。要求：

(1) 数控车床的分辨率为 0.01 mm。

(2) 在给定工件坐标系内采用绝对值编程。

(3) 图示刀尖位置为程序的起点和终点，切入点在锥面的延长线上，其 Z 坐标值为 152。

(4) 进给速度为 50 mm/min，主轴转速为 700 r/min。

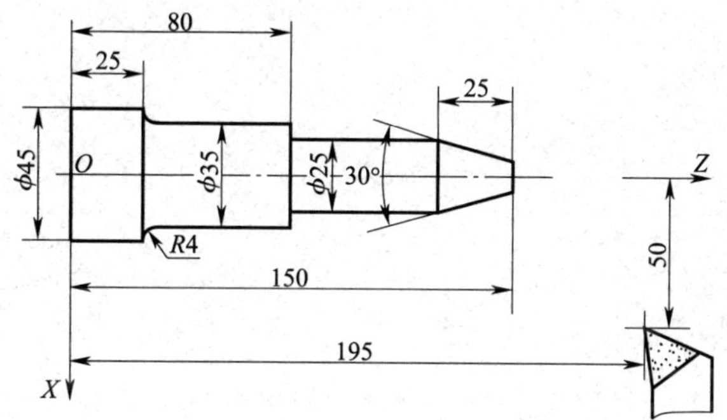

图 8—1 零件图

2. 编写如图 8—2 所示零件的加工程序（毛坯尺寸为 ϕ45 mm×75 mm）。

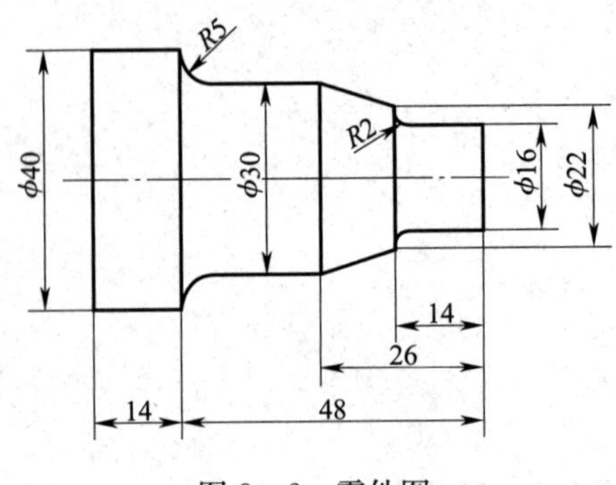

图 8—2　零件图

数控车床操作工（中级）应知试卷二

题号	一	二	三	四	五	合 计	统 计 人
分数							

注意事项：1. 答卷前将装订线左边的项目填写清楚。

2. 答卷必须用蓝色或黑色钢笔、圆珠笔，不许用铅笔或红笔。

3. 试卷共五大题，满分 100 分，考试时间 120 min。

一、选择题：（2 分×15＝30 分）（将正确答案的序号填写在括号内）

1. 闭环进给伺服系统与半闭环进给伺服系统主要区别在于（　　）。

A. 位置控制器　　B. 检测单元

C. 伺服单元　　D. 控制对象

2. （　　）时间是辅助时间的一部分。

A. 检验工件　　B. 自动进给　　C. 加工工件

3. 绘图时，大多采用（　　）比例，以方便看图。

A. 1∶1　　B. 1∶2　　C. 2∶1

4. 用来表示机床全部运动关系的示意图称为机床的（　　）。

A. 传动系统图　　B. 平面展开图　　C. 传动示意图

5. 自动定心卡盘的三个卡爪是同步运动的，能自动定心，不太长的工件装夹后（　　）。

A. 一般不需要找正　　B. 仍需找正　　C. 必须找正

6. 在电火花穿孔加工中，由于放电间隙的存在，工具电极的尺寸应（　　）被加工孔的尺寸。

A. 大于　　B. 等于　　C. 小于

7. 选择粗基准时，应当选择（　　）的表面。

A. 任意　　B. 比较粗糙　　C. 加工余量小或不加工

8. 生产批量越大，分摊到每个工件上的准备与终结时间就越（　　）。

A. 多　　B. 少　　C. 差不多

9. 刀尖圆弧半径增大，使径向力（　　）。

A. 不变　　B. 有所增加　　C. 有所减小

10. 加工中心与普通数控机床区别在于（　　）。

A. 有刀库与自动换刀装置　　B. 转速高

C. 机床刚性好　　D. 进给速度高

11. 车削细长轴外圆时，车刀的主偏角应为（　　）。

A. 90°　　B. 93°　　C. 75°

12. 在大批量生产中，常采用（　　）原则。

A. 工序集中　　B. 工序分散

C. 工序集中和工序分散混合使用

13. 当砂轮转速不变而直径减小时，会出现磨削质量（　　）现象。

A. 提高　　B. 稳定　　C. 下降

14. 零件图中尺寸标注的基准一定是（　　）。

A. 定位基准　　B. 设计基准　　C. 测量基准

15. 同轴度要求较高，工序较多的长轴用（　　）装夹较合适。

A. 四爪单动卡盘　　B. 三爪自定心卡盘　　C. 两顶尖

二、判断题：(1 分×10＝10 分)（正确的在括号内打“√”，错误的在括号内打“×”）

1. 每一指令脉冲信号使机床移动部件产生的位移量称为脉冲当量。（　　）
2. 数控机床坐标轴一般采用右手定则来确定。（　　）
3. 检测装置是数控机床必不可缺少的装置。（　　）
4. 对于任何曲线，可以按实际轮廓编程，应用刀具补偿加工出所需要的廓形。（　　）
5. 数控机床既可以自动加工，也可以手动加工。（　　）
6. 数控车床的进给方式分每分钟进给和每转进给两种，一般可用 G94 和 G95 来区分。（　　）
7. 所谓尺寸基准是标准尺寸的起点。（　　）
8. 数控机床的加工精度比普通机床高，是因为数控机床的传动链较普通机床的传动链长。（　　）
9. 在开环控制系统中，数控装置发出的指令脉冲频率越高，则工作台的位移速度越慢。（　　）
10. 点位控制的数控机床只要求控制起点和终点位置，对加工过程中的轨迹没有严格要求。（　　）

三、填空题：(1 分×10＝10 分)（将正确答案填写在横线上）

1. 工件夹紧力的三个要素，有____________________、____________________和____________________。

2. 专用夹具主要由________________、________________、________________、________________等部分组成。

3. 数控机床坐标轴的移动控制方式主要有____________________、____________________、____________________三种。

四、简答题：(5 分×4＝20 分)

1. 解释对刀点的含义。

2. 解释机械加工工艺过程的具体含义。

3. 试述点位控制系统、直线控制系统和轮廓控制系统的区别。

4. 数控机床的特点有哪些？

五、分析编程题：(15 分×2=30 分)

1. 数控车床 Z 轴步进电动机步距角为 0.36°，电动机通过齿轮副或同步齿形带与滚珠丝杠连接，传动比为 5∶6（减速），如 Z 轴脉冲当量为 0.01 mm，问滚珠丝杠的螺距应为多少？

2. 编写如图 8—3 所示零件的加工程序。

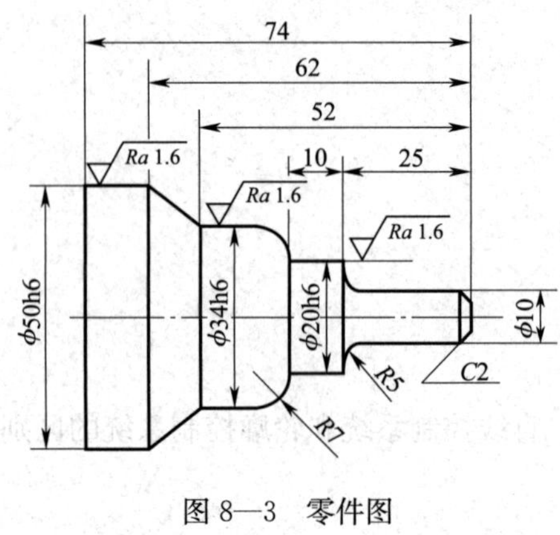

图 8—3 零件图

数控车床操作工（中级）应知试卷三

题号	一	二	三	四	五	合 计	统 计 人
分数							

注意事项：1. 答卷前将装订线左边的项目填写清楚。

2. 答卷必须用蓝色或黑色钢笔、圆珠笔，不许用铅笔或红笔。

3. 试卷共五大题，满分 100 分，考试时间 120 min。

一、选择题：(2 分×15＝30 分)(将正确答案的序号填写在括号内)

1. 在设计薄壁工件夹具时，夹紧力方向应沿（　　）夹紧。

A. 径向　　B. 轴向　　C. 径向和轴向

2. 车削时，车刀的纵向移动或横向移动是（　　）。

A. 主运动　　B. 进给运动　　C. 切削运动

3. 在车外圆时，切削速度计算公式中的直径 D 指（　　）直径。

A. 待加工表面　　B. 加工表面　　C. 已加工表面

4. 机床上的卡盘、中心架等属于（　　）夹具。

A. 通用　　B. 专用　　C. 组合

5. 车削时切削热大部分由（　　）传散出去。

A. 刀具　　B. 工件　　C. 切屑　　D. 空气

6. 数控车床上，刀尖圆弧左刀补采用（　　）代码。

A. G41　　B. G42　　C. G43　　D. G44

7. 数控机床工作时机床传送给 PLC 的信号有（　　），PLC 传送给 CNC 的信号有（　　）。

A. 机床 XYZ 坐标　　B. MST 应答信号　　C. 机床动作信号

8. 数控机床检测反馈装置中，（　　）用于速度反馈。

A. 光栅　　B. 脉冲编码器　　C. 磁尺　　D. 感应同步器

9. GCr15SiMn 是（　　）。

A. 高速钢　　B. 中碳钢　　C. 轴承钢　　D. 不锈钢

10. 当车刀的刃倾角为负值时，切屑流向（　　）表面，（　　）保证产品表面质量。

A. 待加工表面　　B. 已加工表面　　C. 不利于　　D. 有利于

11. 在铰孔和浮动镗孔等加工时都是遵循（　　）原则。

A. 互为基准　　B. 自为基准　　C. 基准统一

12. 在数控机床上加工封闭轮廓时一般沿（　　）进刀。

A. 法面　　B. 切向　　C. 任意方向

13. 采用手动夹紧装置时，夹紧机构必须具有（　　）性。

A. 导向　　B. 自锁　　C. 平稳

14. 精加工时刀具的前角可（　　）。

A. 小些　　　　　　B. 大些　　　　　　C. 为零度

15. 步进电动机的角位移与（　　）成正比。

A. 步距角　　　　　B. 通电频率　　　　C. 脉冲当量　　　　D. 脉冲数量

二、判断题：（1 分×10＝10 分）（正确的在括号内打“√”，错误的在括号内打“×”）

1. 在金属坯料均匀热透的前提下，加热时间选得越短越好。（　　）
2. 半闭环控制系统的精度高于开环系统，但低于闭环系统。（　　）
3. 数控车床的定位精度和重复定位精度是一个概念。（　　）
4. M00 指令属于准备功能字指令，含义是主轴停转。（　　）
5. 编制数控程序时一般以机床坐标系作为编程依据。（　　）
6. 数控车床自动刀架的刀位数与其数控系统所允许的刀具数总是一致的。（　　）
7. 利用 G33 指令既可以加工英制螺纹，又可以加工公制螺纹。（　　）
8. 锻造只能改变金属坯料形状而不能改变其力学性能。（　　）
9. 刃倾角能控制切屑流向，也能影响切削。（　　）
10. 划线是机械加工的重要工序，广泛地用于成批生产和大量生产。（　　）

三、填空题：（1 分×10＝10 分）（将正确答案填写在横线上）

1. 在设计夹具时，____________误差可粗略地控制在工件公差的____________左右。

2. 为了保证工件达到图样规定的精度和技术要求，夹具的__________与__________、__________尽量重合。

3. 铸件常见的缺陷有__________、__________、__________、粘砂和裂纹。

4. 刀具磨损过程分为三个阶段，它们是初期阶段、____________阶段和____________阶段。

四、简答题：（5 分×4＝20 分）

1. 滚珠丝杠副进行预紧的目的是什么？简述“双螺母垫片式”预紧方法的工作原理。

2. 简述数控机床零件加工的一般步骤。

3. 解释闭环控制系统、脉冲当量的含义。

4. 解释刀具参考点的含义。

五、分析编程题：(15 分×2=30 分)

1. 已知一对正确安装的外啮合齿轮机构，采用正常齿制，模数 $m=3$ mm，齿数 $z_1=21$、$z_2=64$，求传动比 i_{12}、分度圆直径、齿顶圆直径、齿根圆直径和中心距。

2. 如图 8—4 所示的零件，毛坯尺寸为 ϕ40 mm×100 mm，试编写加工程序。

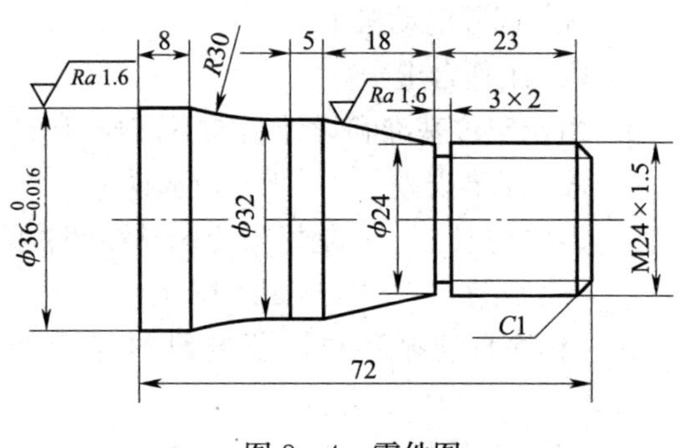

图 8—4 零件图

数控车床操作工（中级）应知试卷四

题号	一	二	三	四	五	合 计	统计人
分数							

注意事项：1. 答卷前将装订线左边的项目填写清楚。

2. 答卷必须用蓝色或黑色钢笔、圆珠笔，不许用铅笔或红笔。

3. 试卷共五大题，满分 100 分，考试时间 120 min。

一、选择题：（2 分×15=30 分）（将正确答案的序号填写在括号内）

1. 加工零件时，将其尺寸控制到（　　）最为合理。

A. 基本尺寸　B. 最大极限尺寸　C. 最小极限尺寸　D. 平均尺寸

2. 车削中设想的 3 个辅助平面，即切削平面、基面、主截面是相互（　　）的。

A. 垂直　B. 平行　C. 倾斜

3. （　　）的种类和性质会影响砂轮的硬度和强度。

A. 磨料　B. 粒度　C. 黏合剂

4. 用剖切面完全地剖开零件所得的剖视图称为（　　）。

A. 半剖视图　B. 局部视图　C. 全剖视图

5. （　　）是计算机床功率、选择切削用量的主要依据。

A. 径向力　B. 轴向力　C. 主切削力

6. 数控机床适用于（　　）生产。

A. 大型零件　B. 小型零件

C. 小批复杂零件　D. 高精度零件

7. 数控闭环伺服系统的速度反馈装置装在（　　）。

A. 伺服电动机上　B. 伺服电动机主轴上

C. 工作台上　D. 工作台丝杠上

8. 由于定位基准和设计基准不重合而产生的加工误差，称为（　　）。

A. 基准误差　B. 位移误差　C. 基准不重合误差

9. 砂轮的（　　）是指黏合剂黏结磨粒的牢固程度。

A. 强度　B. 粒度　C. 硬度

10. 程序自动循环中，若要跳过某一条程序，编程时，应在所跳过的程序段前加（　　）。

A. \符号　B. C 指令　C. /符号　D. T 指令

11. 定位基准是指用来确定工件在夹具中位置的（　　）。

A. 点、线　B. 线、面　C. 点、线、面

12. 工件材料的强度和硬度越高，切削力就（　　）。

A. 越大　B. 越小　C. 一般不变

13. 可能有间隙或过盈的配合称为（　　）。

A. 间隙　　B. 过渡　　C. 过盈

14. 开合螺母的功用是接通或断开从（　　）传递的运动。

A. 光杠　　B. 主轴　　C. 丝杠

15. 标准麻花钻的顶角一般在（　　）左右。

A. 100°　　B. 118°　　C. 140°

二、判断题：（1 分×10=10 分）（正确的在括号内打“√”，错误的在括号内打“×”）

1. 数控车床的反向间隙是不能补偿的。（　　）

2. FANUC 系统中，在同一个程序段中，既可以用绝对坐标，又可以用增量坐标。（　　）

3. 成组工艺是一种按光学原理进行生产的工艺方法。（　　）

4. 每当数控装置发出一个指令脉冲信号，就使步进电动机的转子旋转一个固定角度，该角度称为步距角。（　　）

5. 开环控制系统中，工作台位移量与进给指令脉冲的数量成反比。（　　）

6. 伺服机构的性能决定了数控机床的精度和快速性。（　　）

7. 开环控制系统一般适用于经济型数控机床和旧机床数控化改造。（　　）

8. 半闭环控制系统通常在机床的运动部件上直接安装位移测量装置。（　　）

9. 数控钻床和数控冲床都属于轮廓控制机床。（　　）

10. 进入自动加工状态，屏幕上显示的是加工刀具在编程坐标系中的绝对坐标值。（　　）

三、填空题：（1 分×10=10 分）（将正确答案填写在横线上）

1. 数控机床工作台等移动部件在确定的终点所达到的实际位置的精度称为______________精度。

2. 常用作车刀材料的高速钢牌号是______________。

3. 粗车时选择切削用量的顺序，首先是______________，其次是______________，最后是______________。

4. 镗孔时，要求切屑流向______________表面，即______________排屑。

5. 选用切削液时，粗加工应选用以______________为主的______________。

6. 偏刀一般是指主偏角等于____________________的车刀。

四、简答题：（5 分×4=20 分）

1. 列举出 4 种数控加工专用技术文件。

2. 数控机床的定位精度包括哪些？

3. 名词解释：DNC；刀具半径补偿。

4. 名词解释：硬质合金。

五、分析编程题：(15 分×2=30 分)

1. 车削直径为 25 mm，全长为 1 200 mm 的细长轴（材料为 45 钢），因为受切削的影响，使工件温度由原来的 21℃上升到 61℃，求这根轴的热变形量为多少？(材料的线膨胀系数为 11.5×10^{-6}/℃)

2. 如图 8—5 所示的零件，毛坯尺寸为 ϕ40 mm×100 mm，试编写加工程序。

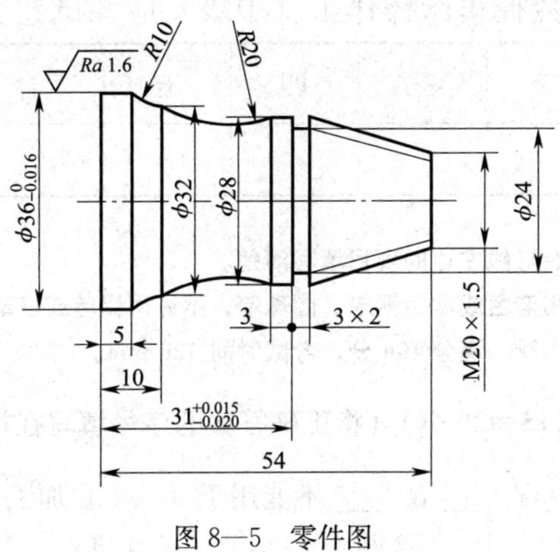

图 8—5　零件图

数控车床操作工（中级）应知试卷五

题号	一	二	三	四	五	合 计	统 计 人
分数							

注意事项：1. 答卷前将装订线左边的项目填写清楚。

2. 答卷必须用蓝色或黑色钢笔、圆珠笔，不许用铅笔或红笔。

3. 试卷共五大题，满分 100 分，考试时间 120 min。

一、选择题：(2 分×15＝30 分)（将正确答案的序号填写在括号内）

1. 指令 G02　X____ Y____ R____ 不能用于（　　）加工。

A. 1/4 圆　　B. 1/2 圆　　C. 3/4 圆　　D. 整圆

2. 当磨钝标准相同时，刀具寿命越高，表示刀具磨损（　　）。

A. 越快　　B. 越慢　　C. 不变

3. 消耗功率最多，且作用在切削速度方向上的分力是（　　）。

A. 切向抗力　　B. 径向抗力　　C. 轴向抗力

4. 对切削抗力影响最大的是（　　）。

A. 工件材料　　B. 切削深度　　C. 刀具角度

5. 平衡砂轮一般是对砂轮做（　　）平衡。

A. 安装　　B. 静　　C. 动

6. 数控机床在轮廓拐角处产生“欠程”现象，应用（　　）方法控制。

A. 提高进给速度　　B. 修改坐标点　　C. 减速或暂停

7. 前角增大，切削力（　　），切削温度（　　）。

A. 减小　　B. 增大　　C. 不变

D. 下降　　E. 上升

8. 所谓联机诊断，是指数控计算机中的（　　）。

A. 远程诊断能力　　B. 自诊断能力　　C. 脱机诊断能力　　D. 通信诊断能力

9. 数控机床进给系统采用齿轮传动副时，应该有消除间隙措施，其消除的是（　　）。

A. 齿轮轴向间隙　　B. 齿顶间隙　　C. 齿侧间隙　　D. 齿根间隙

10. 车削圆锥面时，若刀尖安装高于或低于工件回转中心，则工件便会产生（　　）误差。

A. 圆度　　B. 双曲线

C. 尺寸精度　　D. 表面粗糙度

11. 选择刀具起始点时应考虑（　　）。

A. 防止与工件或夹具干涉碰撞

B. 方便刀具安装测量

C. 每把刀具刀尖在起始点重合

D. 必须选在工件外侧

12. 为了改善铸、锻、焊接件的切削性能和消除内应力，细化组织和改善组织的不均匀性，应进行（　　）。

A. 调质　　B. 退火　　C. 正火　　D. 回火

13. 为提高数控系统的可靠性，可（　　）。

A. 采用单片机　　B. 采用 CPU

C. 提高时钟频率　　D. 采用光电隔离电路

14. FMS 是指（　　）。

A. 直接数字控制　　B. 自动化工厂

C. 柔性制造系统　　D. 计算机集成制造系统

15. （　　）主要用于经济型数控机床的进给驱动。

A. 步进电动机　　B. 直流伺服电动机

C. 交流伺服电动机　　D. 直流进给伺服电动机

二、判断题：(1 分×10=10 分)（正确的在括号内打“√”，错误的在括号内打“×”）

1. 数控机床既可以自动加工，又可以手动加工。（　　）
2. 在数控机床上对刀，既可以用对刀仪（镜）对刀，又可以用试切法对刀。（　　）
3. 专门为某一工件的某道工序设计的夹具称为通用夹具。（　　）
4. 刀具远离工件的运动方向为坐标的正方向。（　　）
5. 要求限制的自由度没有限制的定位方式称过定位。（　　）
6. 车床夹具通常设置配重或加工减重孔来达到夹具的平衡。（　　）
7. 同一工件，无论用数控机床加工还是用普通机床加工，其工序都一样。（　　）
8. 在应用刀具半径补偿过程中，如果缺少刀具补偿号，那么此程序运行时会出现报警。（　　）
9. 自动线、数控车床上宜采用机夹式车刀。（　　）
10. 在数控系统中，F 地址字只能用来表示进给速度。（　　）

三、填空题：(1 分×10=10 分)（将正确答案填写在横线上）

1. 从床头向尾座方向车削的偏刀称为______偏刀。
2. 加工深孔的主要关键技术是______和______。
3. 平面划线要选择______个划线基准，立体划线要选择______个划线基准。
4. 手动增量方式下以毫米为单位，“×100”代表的单位移动距离为______。
5. 麻花钻由______、______和______组成。
6. 伺服系统是数控机床的执行机构，它包括驱动部分和______两大部分。

四、简答题：(5 分×4=20 分)

1. 名词解释：步距角。

2. 名词解释：黏结磨损；模态代码。

3. 滚珠丝杠螺母副有何特点？

4. 常用的数控功能字指令有哪些？并简述其功能。

五、分析编程题：(15 分×2=30 分)

1. 装夹主偏角为 75°，副偏角为 6°的车刀，车刀刀柄中心线与进给方向成 85°，求该车刀工作时的主偏角和副偏角各是多少度？

2. 如图 8—6 所示的零件，毛坯尺寸为 $\phi40$ mm×100 mm，试编写加工程序。

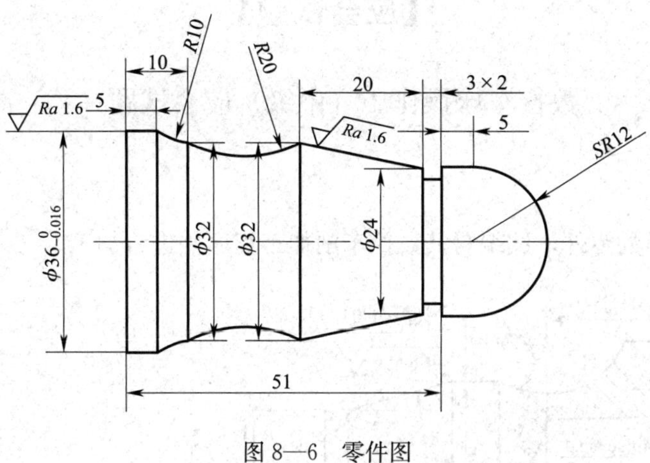

图 8—6　零件图

【应会试题】

数控车床操作工（中级）应会试题一

一、任务描述

如图 8—7 所示的零件，试编写其数控车削加工程序并进行加工。

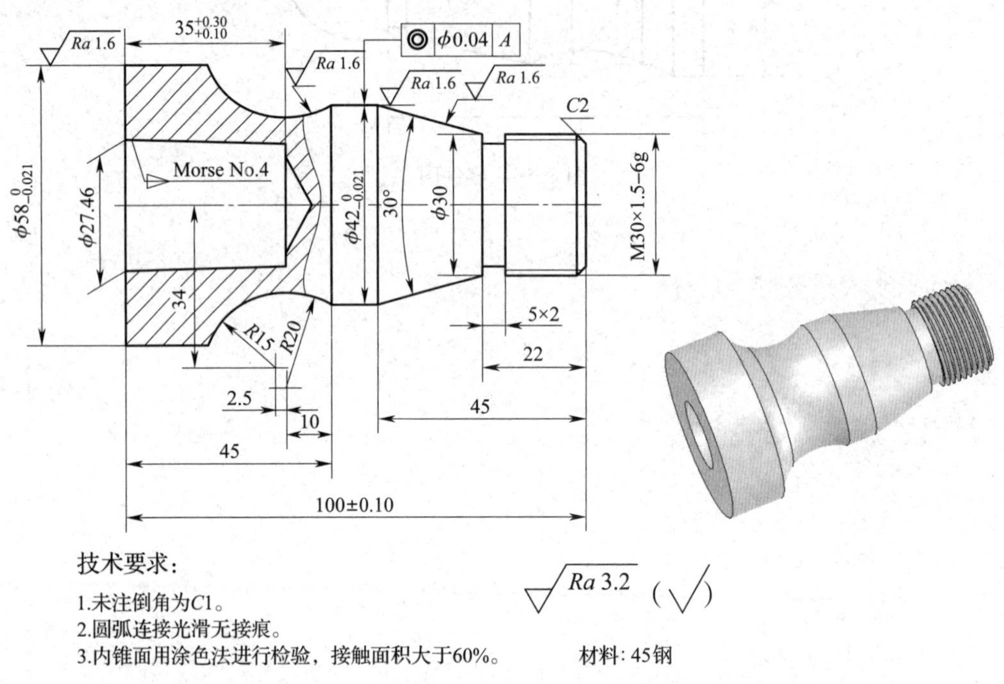

图 8—7　零件图

二、任务评价

工件编号				总得分		
项目与权重	序号	技术要求	配分	评分标准	检测记录	得分
工件加工（70%）	1	$\phi58_{-0.021}^{0}$	6	超 0.01 mm 扣 2 分		
	2	$\phi42_{-0.021}^{0}$	6	超 0.01 mm 扣 2 分		
	3	同轴度 ϕ0.04	6	超差全扣		
	4	M30×1.5−6 g	6	超 0.01 mm 扣 2 分		
	5	5×2 退刀槽	4	超差全扣		
	6	15°锥面	6	超差全扣		
	7	100±0.10	6	超 0.05 mm 扣 2 分		
	8	R15 与 R20 凹圆弧面	6	相切过渡自然		
	9	锥孔（莫氏 4 号锥度）	6	超差全扣		
	10	$35_{+0.10}^{+0.30}$	6	超 0.05 mm 扣 2 分		
	11	Ra1.6 μm	6	每处不合格扣 1 分		
	12	未注公差尺寸	4	每处不合格扣 1 分		
	13	倒角、去毛刺	2	超差全扣		
程序与加工工艺（30%）	14	程序格式规范	5	每错一处扣 2 分		
	15	程序正确、完整	10	每错一处扣 2 分		
	16	加工工艺正确	10	不合理每处扣 3 分		
	17	机床操作正确	5	不正确全扣		
机床操作与文明生产（倒扣）	18	文明生产	倒扣	不合格每处倒扣 5～10 分		
	19	安全操作				

数控车床操作工（中级）应会试题二

一、任务描述

如图 8—8 所示的零件，毛坯尺寸为 ϕ50 mm×82 mm，试编写其数控车削加工程序并进行加工。

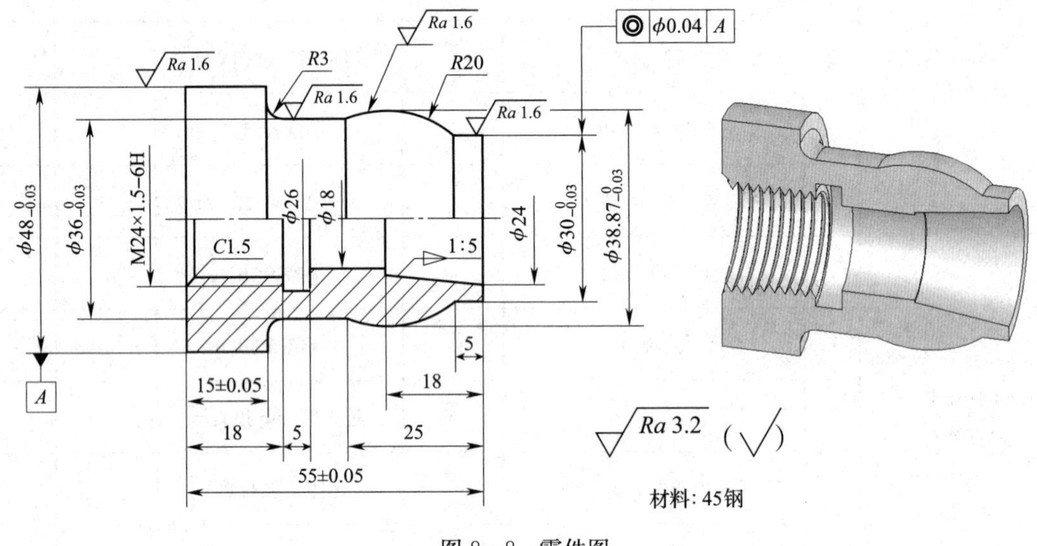

图 8—8 零件图

二、任务评价

<table>
<tr><td colspan="2">工件编号</td><td colspan="2"></td><td>总得分</td><td colspan="2"></td></tr>
<tr><td>项目与权重</td><td>序号</td><td>技术要求</td><td>配分</td><td>评分标准</td><td>检测记录</td><td>得分</td></tr>
<tr><td rowspan="14">工件加工
(70%)</td><td>1</td><td>$\phi48_{-0.03}^{0}$</td><td>5</td><td>超 0.01 mm 扣 2 分</td><td></td><td></td></tr>
<tr><td>2</td><td>$\phi36_{-0.03}^{0}$</td><td>5</td><td>超 0.01 mm 扣 2 分</td><td></td><td></td></tr>
<tr><td>3</td><td>$\phi38.87_{-0.03}^{0}$</td><td>5</td><td>超 0.01 mm 扣 2 分</td><td></td><td></td></tr>
<tr><td>4</td><td>$\phi30_{-0.03}^{0}$</td><td>5</td><td>超 0.01 mm 扣 2 分</td><td></td><td></td></tr>
<tr><td>5</td><td>55±0.05</td><td>5</td><td>超 0.02 mm 扣 2 分</td><td></td><td></td></tr>
<tr><td>6</td><td>15±0.05</td><td>5</td><td>超 0.02 mm 扣 2 分</td><td></td><td></td></tr>
<tr><td>7</td><td>$R3$，$R20$</td><td>2×2</td><td>超差全扣</td><td></td><td></td></tr>
<tr><td>8</td><td>同轴度 $\phi0.04$</td><td>3×3</td><td>每处 3 分</td><td></td><td></td></tr>
<tr><td>9</td><td>锥度 1∶5</td><td>4</td><td>超差全扣</td><td></td><td></td></tr>
<tr><td>10</td><td>M24×1.5－6H</td><td>5</td><td>超差全扣</td><td></td><td></td></tr>
<tr><td>11</td><td>$\phi26\times5$</td><td>4</td><td>超差全扣</td><td></td><td></td></tr>
<tr><td>12</td><td>$Ra1.6\ \mu m$</td><td>8</td><td>每处扣 1 分</td><td></td><td></td></tr>
<tr><td>13</td><td>一般尺寸</td><td>4</td><td>每处扣 1 分</td><td></td><td></td></tr>
<tr><td>14</td><td>$C1.5$</td><td>2</td><td>没有全扣</td><td></td><td></td></tr>
<tr><td rowspan="4">程序与加工工艺
(30%)</td><td>15</td><td>程序格式规范</td><td>5</td><td>每错一处扣 2 分</td><td></td><td></td></tr>
<tr><td>16</td><td>程序正确、完整</td><td>10</td><td>每错一处扣 2 分</td><td></td><td></td></tr>
<tr><td>17</td><td>加工工艺正确</td><td>10</td><td>不合理每处扣 3 分</td><td></td><td></td></tr>
<tr><td>18</td><td>机床操作正确</td><td>5</td><td>不正确全扣</td><td></td><td></td></tr>
<tr><td rowspan="2">机床操作与文明生产（倒扣）</td><td>19</td><td>文明生产</td><td rowspan="2">倒扣</td><td rowspan="2">不合格每处倒扣 5～10 分</td><td rowspan="2"></td><td rowspan="2"></td></tr>
<tr><td>20</td><td>安全操作</td></tr>
</table>

数控车床操作工（中级）应会试题三

一、任务描述

如图 8—9 所示的零件，毛坯尺寸为 $\phi62$ mm×82 mm，试编写其数控车削加工程序并进行加工。

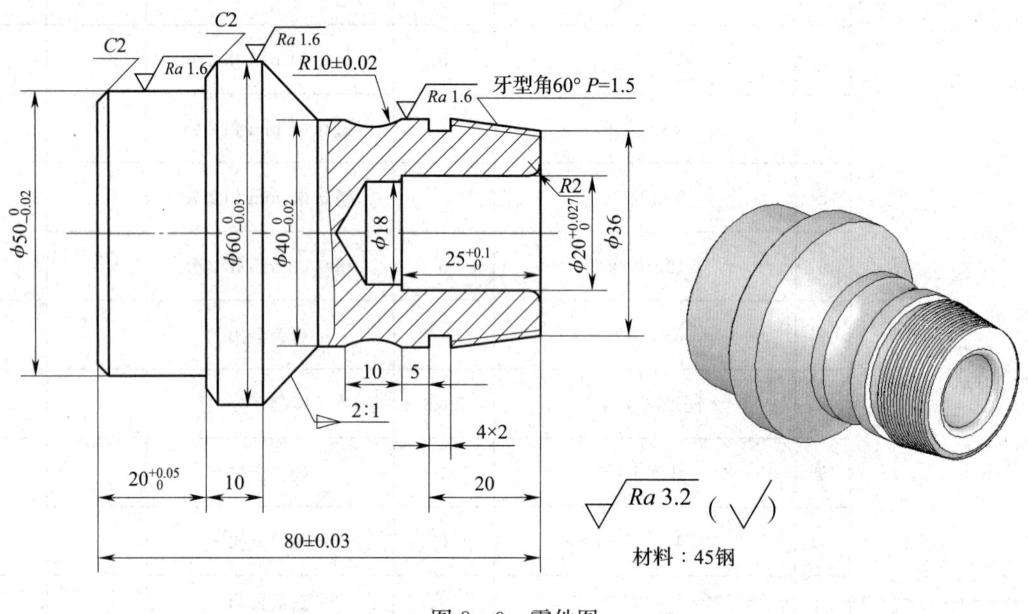

图 8—9　零件图

二、任务评价

工件编号			总得分			
项目与权重	序号	技术要求	配分	评分标准	检测记录	得分
工件加工（70%）	1	$\phi50_{-0.02}^{0}$	5	超 0.01 mm 扣 2 分		
	2	$\phi60_{-0.03}^{0}$	5	超 0.01 mm 扣 2 分		
	3	$20_{0}^{+0.05}$	5	超 0.01 mm 扣 2 分		
	4	$\phi40_{-0.02}^{0}$	5	超 0.01 mm 扣 2 分		
	5	$R10\pm0.02$	5	超 0.02 mm 扣 2 分		
	6	80 ± 0.03	5	超 0.02 mm 扣 2 分		
	7	锥度 2∶1	5	超差全扣		
	8	锥螺纹	5	超差全扣		
	9	4×2	4	超差全扣		
	10	$\phi20_{0}^{+0.027}$	5	超 0.01 mm 扣 2 分		
	11	$25_{0}^{+0.1}$	5	超 0.02 mm 扣 2 分		
	12	$Ra1.6\ \mu m$	10	每处扣 1 分		
	13	一般尺寸	4	每处扣 1 分		
	14	$C2$ 倒角	2	没有全扣		
程序与加工工艺（30%）	15	程序格式规范	5	每错一处扣 2 分		
	16	程序正确、完整	10	每错一处扣 2 分		
	17	加工工艺正确	10	不合理每处扣 3 分		
	18	机床操作正确	5	不正确全扣		
机床操作与文明生产（倒扣）	19	文明生产	倒扣	不合格每处倒扣 5～10 分		
	20	安全操作				

数控车床操作工（中级）应会试题四

一、任务描述

如图 8—10 所示的零件，试编写其数控车削加工程序并进行加工。

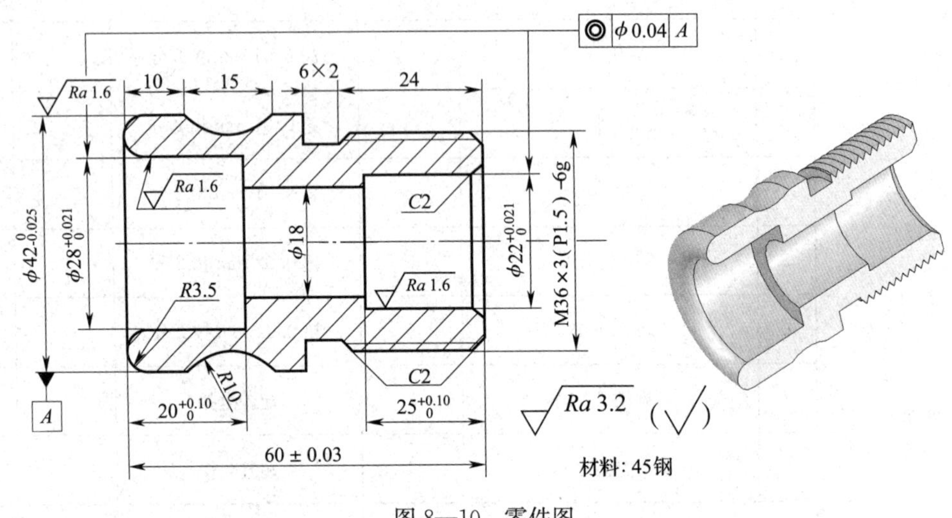

图 8—10　零件图

二、任务评价

工件编号				总得分		
项目与权重	序号	技术要求	配分	评分标准	检测记录	得分
工件加工（70%）	1	$\phi42_{-0.025}^{0}$	5	超 0.01 mm 扣 2 分		
	2	$\phi28_{0}^{+0.021}$	5	超 0.01 mm 扣 2 分		
	3	$20_{0}^{+0.10}$	5	超 0.01 mm 扣 2 分		
	4	$\phi22_{0}^{+0.021}$	5	超 0.01 mm 扣 2 分		
	5	$25_{0}^{+0.10}$	5	超 0.02 mm 扣 2 分		
	6	60±0.03	5	超 0.02 mm 扣 2 分		
	7	*R*3.5，*R*10	2×2	超差全扣		
	8	同轴度 ϕ0.04	5×2	每处 5 分		
	9	M36×3（P1.5）−6 g	6	超差全扣		
	10	6×2	4	超差全扣		
	11	*Ra*1.6 μm，*Ra*3.2 μm	10	超差全扣		
	12	一般尺寸	4	每处扣 1 分		
	13	*C*2 倒角	2	每处扣 1 分		
程序与加工工艺（30%）	14	程序格式规范	5	每错一处扣 2 分		
	15	程序正确、完整	10	每错一处扣 2 分		
	16	加工工艺正确	10	不合理每处扣 3 分		
	17	机床操作正确	5	不正确全扣		
机床操作与文明生产（倒扣）	18	文明生产	倒扣	不合格每处倒扣 5～10 分		
	19	安全操作				

数控车床操作工（中级）应会试题五

一、任务描述

如图 8—11 所示的零件，试编写其数控车削加工程序并进行加工。

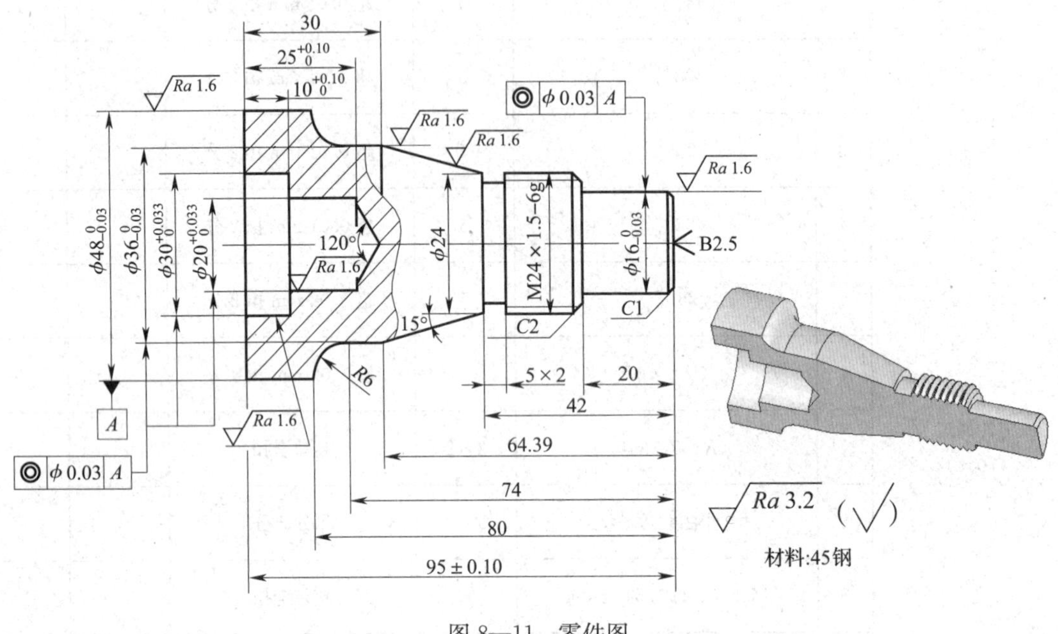

图 8—11　零件图

二、任务评价

<table>
<tr><td colspan="2">工件编号</td><td colspan="2"></td><td>总得分</td><td colspan="2"></td></tr>
<tr><td>项目与权重</td><td>序号</td><td>技术要求</td><td>配分</td><td>评分标准</td><td>检测记录</td><td>得分</td></tr>
<tr><td rowspan="14">工件加工
(70%)</td><td>1</td><td>$\phi48_{-0.03}^{0}$</td><td>5</td><td>超 0.01mm 扣 2 分</td><td></td><td></td></tr>
<tr><td>2</td><td>$\phi36_{-0.03}^{0}$</td><td>5</td><td>超 0.01mm 扣 2 分</td><td></td><td></td></tr>
<tr><td>3</td><td>$\phi16_{-0.03}^{0}$</td><td>5</td><td>超 0.01mm 扣 2 分</td><td></td><td></td></tr>
<tr><td>4</td><td>M24×1.5－6 g</td><td>5</td><td>超 0.01 mm 扣 2 分</td><td></td><td></td></tr>
<tr><td>5</td><td>15°</td><td>2</td><td>超差全扣</td><td></td><td></td></tr>
<tr><td>6</td><td>5×2</td><td>4</td><td>超差全扣</td><td></td><td></td></tr>
<tr><td>7</td><td>$\phi20_{0}^{+0.033}$</td><td>5</td><td>超 0.01 mm 扣 2 分</td><td></td><td></td></tr>
<tr><td>8</td><td>$\phi30_{0}^{+0.033}$</td><td>5</td><td>超 0.01 mm 扣 2 分</td><td></td><td></td></tr>
<tr><td>9</td><td>$10_{0}^{+0.10}$</td><td>4</td><td>超 0.02 mm 扣 2 分</td><td></td><td></td></tr>
<tr><td>10</td><td>$25_{0}^{+0.10}$</td><td>4</td><td>超 0.02 mm 扣 2 分</td><td></td><td></td></tr>
<tr><td>11</td><td>同轴度 $\phi0.03$</td><td>2×4</td><td>超差全扣</td><td></td><td></td></tr>
<tr><td>12</td><td>95±0.10</td><td>4</td><td>超 0.02 mm 扣 1 分</td><td></td><td></td></tr>
<tr><td>13</td><td>$Ra1.6\ \mu m$，$Ra3.2\ \mu m$</td><td>10</td><td>每处不合格扣 1 分</td><td></td><td></td></tr>
<tr><td>14</td><td>一般尺寸，$C1$，$C2$</td><td>4</td><td>每处不合格扣 1 分</td><td></td><td></td></tr>
<tr><td rowspan="4">程序与加工工艺
(30%)</td><td>15</td><td>程序格式规范</td><td>5</td><td>每错一处扣 2 分</td><td></td><td></td></tr>
<tr><td>16</td><td>程序正确、完整</td><td>10</td><td>每错一处扣 2 分</td><td></td><td></td></tr>
<tr><td>17</td><td>加工工艺正确</td><td>10</td><td>不合理每处扣 3 分</td><td></td><td></td></tr>
<tr><td>18</td><td>机床操作正确</td><td>5</td><td>不正确全扣</td><td></td><td></td></tr>
<tr><td rowspan="2">机床操作与文明生产（倒扣）</td><td>19</td><td>文明生产</td><td rowspan="2">倒扣</td><td rowspan="2">不合格每处倒扣 5～10 分</td><td rowspan="2"></td><td rowspan="2"></td></tr>
<tr><td>20</td><td>安全操作</td></tr>
</table>